知识生产的原创基地
BASE FOR ORIGINAL CREATIVE CONTENT

颉腾商业
JIE TENG BUSINESS

超级记忆力

世界记忆冠军的大脑训练法

THE MEMORY BOOK

亚太记忆运动理事会 / 编著

中国广播影视出版社

图书在版编目（CIP）数据

超级记忆力：世界记忆冠军的大脑训练法 / 亚太记忆运动理事会编著. –– 北京：中国广播影视出版社，2023.9

ISBN 978–7–5043–8936–7

Ⅰ . ①超… Ⅱ . ①亚… Ⅲ . ①记忆术 Ⅳ . ①B842.3

中国版本图书馆CIP数据核字(2022)第206225号

超级记忆力：世界记忆冠军的大脑训练法
亚太记忆运动理事会　编著

策　　划	颉腾文化
责任编辑	刘雨桥
责任校对	张　哲

出版发行	中国广播影视出版社
电　　话	010–86093580　010–86093583
社　　址	北京市西城区真武庙二条9号
邮　　编	100045
网　　址	www.crtp.com.cn
电子信箱	crtp8@sina.com

经　　销	全国各地新华书店
印　　刷	鸿博昊天科技有限公司

开　　本	650 毫米 ×910 毫米　1/16
字　　数	220（千）字
印　　张	17
版　　次	2023 年 9 月第 1 版　2023 年 9 月第 1 次印刷

书　　号	ISBN 978–7–5043–8936–7
定　　价	79.00 元

　　拼搏过两届世界记忆锦标赛，也取得过一些好成绩，曾经也在竞技赛场上努力奋斗过，现在把自己归纳总结的方法和经验分享给你，希望能够帮助你少走弯路，以最短的时间达到最理想的成绩！

——苏泽河　国际特级记忆大师
《最强大脑》名人堂选手

　　这本书收录了世界记忆高手在各自特长记忆项目方面的训练方式和记忆方法，一定能让你受益匪浅，少走弯路！

——惠忠萍　世界记忆大师
《了不起的孩子》《你最有才》节目嘉宾

　　这本书收录了记忆顶尖选手的训练方法和心路历程，可以让你站在前人的肩膀上，不用做无用功和毫无意义的探索。

——王玉　世界记忆大师

　　时间沙漏流淌，影像翻飞于心，终凝结成不同的世界。谓之"读书补先天之不足，经验补读书之不足"。记忆看似先天之能，实则有方法加冕，此书是记忆理论与实战经验的结合，愿你有一段美好的记忆之旅。

——孔金兰　特级记忆大师

人脑具有极强的可塑性，通过刻意训练的方式来刺激大脑，可以使大脑思维更加活跃，激发内在潜能。同时学会利用记忆大师思维模型来解决工作、学习和生活中的种种难题。

——李豪　世界记忆大师

科学用脑，记忆超好。练出来的记忆，学出来的成绩。相信自己，创造奇迹。从这本书开启学生智慧，考试不再有难题。

——李莹　世界记忆大师　国际特级记忆大师

记忆法很神奇，但离我们并不遥远。如果你也想探寻大脑的奥秘，解锁神秘精彩的记忆宫殿，就打开这本书吧！

——严林祺　世界记忆大师

这本书是世界记忆运动理事会的官方教材，内含国内顶尖的记忆大师突破纪录的独家秘诀，这些宝贵的方法和经验一定可以助力你成为"世界记忆大师"。

——张颖　国际特级记忆大师
《挑战不可能》荣誉殿堂选手

这本世界记忆大师参赛实战经验汇总，从不同角度揭开了"最强大脑"神秘的面纱，适合所有人阅读。谁拥有它，谁将与众不同！

——于明奇　获 2018 年第 27 届世界记忆锦标赛
全球总决赛乐龄组银牌

好方法事半功倍，好方法铸就好成绩，这本书就如道上的路标、海上的明灯，如果你是一名记忆运动爱好者，或者立志成为世界记忆大师，就选它！

——周世懂　世界记忆大师

作为一个用三个月从"小白"到记忆大师的"记忆有缘人"，我坚信，只要付出，就一定会有收获。这本书收录了各位大师的训练比赛心得，非常适合广大记忆运动爱好者们参考、借鉴。对的方法，让你事半功倍！

——胡敏　世界记忆大师

这本书汇聚了多位记忆大师的记忆方法，总结了训练比赛的心得经验，顺着这些路走，能解开许多关于记忆的疑问，相信您能找到适合自己的记忆方法。

——徐梓榆　特级记忆大师

所谓"工欲善其事，必先利其器"，在记忆训练中，若无正确的方法，便举步维艰。这里有记忆之路上多少"前人"探索出来的方法与经验。善用之，方能少走弯路，决胜千里。

——张洋华　世界记忆大师

本书收集了许多优秀记忆大师在擅长项目上的心得，值得一看。但对读者来说，最重要的是不能盲从，要学会在训练中找到最适合自己的方法。

——张兴荣　国际特级记忆大师

国内第一本集众多记忆比赛顶级选手的经验与实战分享，可能有很多书可以让你对全脑学习的认识从 0 到 1，但这是一本可以让你从 1 到 100 甚至到无限可能的实战总结。

——余彬晶 《最强大脑》选手

学习改变命运，提升记忆力改变命运。从一个背诵古诗都困难的人，通过训练，现在可以倒背如流十本书，这不是开悟，只是用对了方法。

——刘仁才 世界记忆锦标赛国际一级裁判

一本书让您拥有超级记忆力

现今，市面上有很多关于开发大脑潜能和提升记忆力的书籍。这些书籍的作者，大多是参加世界记忆锦标赛®（World Memory Championships，简称 WMC，该赛事初创名为"世界脑力锦标赛"，于 2019 年 12 月 28 日正式更名为"世界记忆锦标赛"，为便于本项赛事的辨识，本书也统一将往届世界脑力锦标赛统称为世界记忆锦标赛），或者参加世界思维导图暨快速阅读锦标赛的选手和受益者。他们的身份，有的是世界记忆大师（IMM）、特级记忆大师（GMM）或者国际特级记忆大师（IGM）；有的是来自《最强大脑》的选手；还有的是世界思维导图锦标赛或世界快速阅读锦标赛的冠军等。他们所著书籍中的很多知识，都来自自我的学习心得和感受，以及根据自身学习经验总结的记忆技巧和方法。

为普及记忆竞技的方法，宣传世界记忆锦标赛所倡导的"脑力奥运·益智强国"，世界记忆运动理事会（WMSC）决定出一本让大家一看就懂、一学就会的帮助记忆竞技入门及提升记忆效率的书。为此，亚太记忆运动理事会成立了编委会，广邀世界记忆锦标赛历届优秀选手、明星代表、记忆教练和国际裁判等参与编写。其目的就是要打造一本适合所有记忆运动爱好者学习的书。

无论你是想提升学习、工作效率，还是为竞技做准备，比如参加世界记忆锦标赛，本书都是你提升记忆力的最好选择。本书前面的章节，介绍的是记忆术的起源以及记忆方法的入门；而后面的章节，则是大量的记忆法实践案例——来自世界记忆锦标赛历届优秀选手的参赛心得和记忆技巧分享。

　　严格按照本书的方法和技巧训练，你的记忆力将会有显著提升，奇迹也将随之发生，加油吧！

记忆乃智慧之母。

——埃斯库罗斯（Aeschylus）

人，如果没有记忆，就无法发明创造和联想。

——伏尔泰（Voltaire）

你的大脑就像一个沉睡的巨人。

——东尼·博赞（Tony Buzan）

世界记忆锦标赛创始人东尼·博赞简介及赛事的由来

一、世界记忆锦标赛创始人东尼·博赞简介

东尼·博赞，1942 年 6 月 2 日出生于英国伦敦，毕业于美国哥伦比亚大学。他因发明"思维导图"这一简单便捷的思维工具，以"大脑先生"闻名世界，曾因帮助英国查尔斯王子（2022 年 9 月 8 日继位英国国王）提高记忆力被誉为英国的"记忆力之父"。东尼·博赞是著名的大脑潜能和学习方法研究专家，也是世界记忆锦标赛和世界快速阅读锦标赛创始人。他出版了 80 多本关于记忆、阅读、思维方面的书刊，在五大洲 100 多个国家的总发行量突破 1000 万册，是全球的公众媒体人物，拥有超过 3 亿的观众和听众。

英国、新加坡、墨西哥、澳大利亚等国家争相聘请他担任政府机构顾问。同时，他还在微软、IBM、索尼、三星、甲骨文、摩根、英国电信集团等知名跨国公司担任商务顾问。除此以外，他还是国际心理学家委员会委员、奥运会教练与运动员顾问，是 1988 年汉城奥运会英国划艇队及国际象棋队的顾问。

东尼的创新教育理念和方法，对所有人都有帮助。

2005 年是东尼教育史上特别重要的一年。因为对东尼的教育方法有所质疑，英国广播公司（BBC）把 6 名身处困境的弱势儿童交给东尼教导，想看看思维导图和思维开发能否改变他们的行为、态度和认知能力。为了加大任务的难度，BBC 只给了东尼 7 节课的时间。伦敦大学教育学院职业教育心理培训部主任薇薇安·希尔监控了全程。

她说，若非她了解整个过程，一定会认为课前课后所展现的是完全不同的孩子。BBC 声称这是一项特殊的社会实验。6 个孩子都决定留在学校，并最终成功地完成了学业。东尼这样总结：学习是人类的基本能力。每个人都想成为聪明的人，被人爱，取得成功。"对天才思维导图和思维开发进行探索"的模块证明：没有哪个孩子天生注定失败。

令人惊讶的是，东尼少年时代的最初爱好是自然，与教育毫不相关。然而，正是对自然的热爱，使得他越来越热爱并认识到教育作为一种世界性力量的重要性。

偶像的力量——教授惊人的记忆力

一个学生坐在教室里，既紧张又好奇。

因为这是他大学第一天的第一节课，和班里其他同学一样，他早就被警告：克拉克教授不仅曾是这所学校有史以来英语专业最出色的毕业生，而且他恃才傲物，擅于使用心理战来让他的学生为自己的失误感到尴尬和不知所措。

更让人紧张的是，这天克拉克教授故意迟到了！终于，教授出现了！

他若无其事地走进教室，目光如炬地扫视全体学生，嘴角还挂着一丝嘲弄的微笑。他没有直接走上讲台，也没有整理他的讲稿，而是站在讲台前，双手背在身后，用严厉的目光继续盯着他的学生。

突然，他发出一声冷笑，说："英语专业的新生？我先来点名。"

接着，他像开机关枪一样快速且大声地喊出了学生们的名字——而此时的学生们早已被吓呆了。

"亚伯拉罕森？"

"到，先生！"

"亚当斯？"

"到，先生！"

"巴洛？"

"到，先生！"

"博赞？"

"到，先生！"

当他叫到"卡特兰德"时，教室里一片沉寂。

他就像一位威严的审判官一样，用他那可怕的仿佛可以穿透灵魂般的眼神看着每一个石化了的学生，似乎期望他们赶紧"认领"这个名字。

见仍然没人回答，教授深深地叹了口气，以比正常语速快两倍的速度说："卡特兰德？……杰里米·卡特兰德，家住第三大道西2761号，电话是7946231，1941年9月25日出生，母亲名叫苏，父亲是皮特……卡特兰德？"

依然没有人回应！

教室里的沉寂越来越让人难以忍受，直到他大喊一声"缺勤"，这沉寂才被打破。

接着，他又毫不停顿地继续点名。不管是哪个学生缺席，他都要重新演绎一遍"卡特兰德式"的程序，把缺席学生的个人信息全部说出来。尽管他从未见过任何学生，尽管在开学的第一天他不可能事先知道谁来上课谁会缺席。

学生们渐渐明白，他知道每个人的基本信息，而且令人吃惊的是，他甚至知道一些非常具体细微的信息。

当叫到最后一个学生的名字"齐格斯基"并得到回答后，他脸上带着古怪的笑容，嘲讽地看着学生们说："那就是说，卡特兰德、查普曼、哈克斯敦、休斯、勒克斯摩尔、米尔斯、特罗威缺勤！"

说完，他转身离开了教室，留下一教室惊呆了的学生。

学生们仿佛被施了魔法一样，特别是那位我们一开始提到的学生。他突然明白，实现生命中原以为"不可能实现的梦想"——训练自己的记忆力，让它在任何情况下都准确无误地记起所需的信息，这样的时刻终于到来了。

能够记住著名画家、作曲家、作家和其他"伟人"的名字、生卒日期及所有重要的信息！

能够记住多种语言！

能够记住生物和化学课里庞大的分类数据！

能够记住任何想要的清单！

能够拥有像克拉克教授一样的记忆力！

这位震惊的学生跳起来，冲出教室，在走廊里追上克拉克教授，不假思索地问："老师，您是怎么做到的？"

教授以一贯骄傲的方式回答："孩子，因为我是天才！"

然后他再次转身离开，根本没有听见学生的喃喃自语："是的，老师，我知道。但是，您是怎么做到的？"

这个学生就是东尼·博赞！

为了提升自己的学习能力和记忆力，他每天都向克拉克教授请教关于记忆方面的知识，同时他还有意识地走进图书馆，问图书管理员在哪里能找到关于大脑及如何使用大脑的书。图书管理员马上把他带到图书馆的医学资料区！东尼解释说他并不是要做脑科手术，管理员礼貌地告诉他没有这方面的书。

带着震惊和失望的心情，他离开了图书馆。

在接下来的日子里，他的脑海中时常会浮现这样的愿景：创造一个新的、超越他的"天才"教授的超级记忆体系。

于是他开始研究一切对于解决这些基本问题有所帮助的领域：

如何才能学会学习？

思维的本质是什么？

什么是记忆最好的方法？

什么是创造性思维最好的方法？

当前最好的快速而有效的阅读方法是什么？

当前最好的一般性思维的方法是什么？

有没有可能发明新的思维方法或一种主要的方法？

为了解决这些问题，他开始学习心理学、大脑神经心理学、全球笔记方法、语义学、神经语言学、信息理论、认知学、创造性思维及一般科学。渐渐地，他认识到人的大脑只有在各个物理层面和智力技能协调一致地工作，而不是独自为战，才能更有效地发挥作用。

最不起眼的事产生了最重大、最令人满意的结果。

例如，仅仅将单词和颜色这两项大脑技能合在一起就彻底改变了他的笔记。只是在笔记上使用两种颜色就使记忆能力提高了一倍以上。

我们已经知道东尼与克拉克教授相遇的故事——那个改变了东尼人生的故事。那个"着迷"的学生（东尼）自此便积极致力于发展教授的"基本记忆法"。几周后，他就发现自己可以在给定的时间内将所记忆的数据和信息量翻一番；几个月后，他的记忆量就可以达到先前"最佳"记忆量的 5~10 倍；不到一年，他就爱上了记忆，开始尽力从多种角度探讨这个引人入胜但鲜有人触及且被广泛误解的话题。

他发现记忆术最根本的"运行原则"是创造多感官图像的能力，以及将这些图像进行广泛联想的能力，同时还要给它在大脑中留一个特定位置，以便稳固储存。

神经生理学让他了解到脑细胞网络"创建"记忆的生化电磁过程。神经生理学的研究结果逐渐表明：脑细胞之间形成互相关联的网络，这些网络构成了记忆的"痕迹"。网络被重复得越多，记忆越牢靠、越持久。不管哪个世纪、哪种肤色、哪个地方、哪个种族、哪种宗教，希腊人、罗马人和其他族群的人采用的记忆方法都建立在相同的原则上。

在谈到记忆力时，伟人们几乎采用相同的方式进行探讨和描述。

他们总会用丰富生动的语言探讨记忆，惊叹于一种特定的气味、景象、声音或触感是如何引发一连串的联想的，勾起"过去的回忆"。

我们发现历史上的伟人尽管母语不同，但他们的笔记方法基本相同。令人啼笑皆非的是，这些笔记现在看来是"凌乱"的。不管当时当地的口头语、书面语是什么，这些"凌乱的笔记"总会包含一些涂鸦、图画、代号、标识、图像以及诸如线条和箭头在内的连接、关联符号。

东尼开始意识到自己的笔记并不像他以为的那样有助于记忆，实际上，他有一种不安的感觉，越来越觉得或许这就是他记忆出现问题的原因。在研究记忆心理学时，他把重点放在加深对"学习期间回忆图"和"学习后回忆图"应用的理解上。如今，学习后回忆图表被他誉为"世界上最重要的图表"。

令他惊讶的是，那些图表是"用来学习和记忆的"，而不是"用来应用的宝贵信息"！随后的几年、几十年内，他将"学习期间回忆图"的原则发展成新的学习技巧、工具和方法。

"学习期间回忆图"的两大"核心原则"是想象和联想。再加上冯·雷斯托夫效应（与众不同的事物容易被记住）、兴趣效应（兴趣越大，记得越牢）、首因效应（"首先出现"的东西容易被记住）和近因效应（"最后出现"的事物容易被记住）。最后，可以绘制出一幅整洁的图画，让人们对信息摄入时记忆的工作原理有一个全面、彻底的认识。

"学习后回忆图"显示出一些更深刻的规律：

与"常识"预想相反，在学习刚刚结束时，记忆力实际在上升；

24 小时后，所学细节的 80% 都会被遗忘；

如果不采取正确的措施，记忆结果会是负值，比如记错所学的东西；

只要在合适的间隔进行几次复习，就可以轻松地把短期记忆转变成中长期记忆。

这些结果与神经生理学研究结果不谋而合。在研究自己大脑的工作原理以及朋友提供的大脑报告中，东尼越来越清晰地发现，上述结果不仅适用于自己，而且适用于所有人，还可以解释人类普遍存在的记忆成败和错记情况。

1964 年，在东尼快要读完大学四年课程的时候，他就已经掌握了基本记忆法，并用它完美地完成了一整年心理学课程的记忆，记住了课程中所有心理学家的名字，他们所做的一切实验，实验细节及结果，所有重要的日期，讲师所做的特定引述，推荐论文以及推荐书目的摘要和结论，还有补充内容，甚至教授那些包含年、月、日并常常伴有具体时间的语录！

慢慢地，一个整体的系统开始形成，同时，作为一项爱好，他开始教授那些被描述成"学习能力欠缺的""没有希望的""有阅读障碍的""落后的""有不良行为的"学生。所有这些所谓的"失败者"很快都变成了好学生，其中很多成为各自班级里的优等生。

有个名叫芭芭拉的女孩，曾被告知是学校IQ最低的学生。经过东尼一个月的学习法训练，她的IQ提高到160，最后以优等生的成绩从大学毕业。派特，美国一位年轻的超凡天才，曾经一直被错误地认定为学习能力欠缺。在成功通过大量的创造力和记忆力测试之后，他感叹道："我不是学习能力欠缺的人，而是被剥夺学习权利的人！"

这种新的记忆体系的第一个内容是思维导图，它被人们称为"大脑思维的瑞士军刀"。它不仅帮助使用者准确、灵活地记忆，而且能让他们在记忆的基础上进行创造、计划、思考、学习和交流。

在思维导图之后，东尼又创造了巨大、有趣且易于操作的"自我增强型记忆矩阵"（SEM3）。它是一个数据库，能让使用者快速获取任何所需的重要、关键信息。

把力量投入记忆里，就等于无穷的创造力。如果训练得当，记忆力可以促成增强型创造力，与此同时，正确习得的创造力也可以促成更好的记忆力。

二、世界记忆锦标赛的由来

作为一名运动爱好者和记忆运动积极倡导者，东尼早在 20 世纪七八十年代行走世界的时候，就已经注意到几乎所有的项目都有世界锦标赛：挑圆片、留胡子、象棋、板球、拳击、填字谜、武术、弹钢琴、爬绳子、切木头、游泳、跑步、拼写、吃牡蛎、跳舞、赛鸽子、高尔夫、高空跳伞……但人类最重要的智力活动之一——记忆，却没有世界锦标赛，然而，如果没有它，其他事物都将无法存在。

我们的记忆能力正在受到侵蚀。这一点所预示的危险性特别值得注意，因为记忆处在我们所从事一切活动的中心——所有交流，所有创造性的活动，所有身体动作，所有思考——确实是我们生存活动的中心。试问何为解药？唯有增强我们的记忆能力。

整个八九十年代，东尼一直在构思世界记忆锦标赛。1991 年，东尼·博赞和雷蒙德·基恩（Raymond Keene）共同创办了第一届世界记忆锦标赛，如今它已成为一项全球性运动，逾 40 个国家参与其中，共同创建国际舞台上全新的大型记忆运动会。

创办世界记忆锦标赛的目的如下：

（1）将记忆推广成为一项新的智力运动，为世界各国更多的记忆运动爱好者和大脑战士提供展现自我的机会。

（2）重新定义记忆的艺术和科学，建立新的规范、标杆和纪录，并为规范提供证明和排名。

（3）将记忆作为基本技能重新引入幼儿教育，重拾记忆的信心和乐趣。

（4）颠覆全球认为记忆随年龄衰退的认识，并以大量事实证明记忆可以持续改善。

（5）证明记忆力是创新的基础。

（6）为后代恢复、证明并保存早期人类文明的记忆系统，复兴口头记忆的传统。

（7）为热衷于探索人类大脑及记忆相关能力和潜能的志趣相投者创立全球社区。

这个新运动很快壮大起来。1995年，列支敦士登公国王子菲利普为"记忆大师"头衔提供皇家赞助，那些名列前茅的记忆高手可获此殊荣。

经过20多年的发展，世界记忆锦标赛已经成为在大脑思维运动方面极具影响力的国际性赛事，每年都有来自世界各地40多个国家和地区的成千上万名记忆选手报名参赛，该赛事被称作记忆运动的"奥林匹克"。

2014年，随着江苏卫视《最强大脑》和中央电视台《挑战不可能》等节目的热播，国内掀起了全民健脑的热潮，所有的观众都被《最强大脑》选手惊人的天赋所折服。

实际上，《最强大脑》前几季的节目中，80%以上的选手，以及《挑战不可能》的部分选手，都来自同一平台，那就是"世界记忆锦标赛"，同时，他们还有同一个称号——"世界记忆大师"。

我们熟知的最强大脑中国队长王峰，在2011年获得了世界记忆锦标赛全球总决赛的冠军；最强大脑的两届"全球脑王"陈智强，同样是世界记忆锦标赛的优秀选手、世界记忆大师。在常人的眼中，他们都是当之无愧的"天才"。

然而，这个世界上所谓的天才都是"刻意练习"的结果。在后面的章节，我们将向你详细介绍世界记忆锦标赛[①]的十大项目和训

[①] 登录世界记忆锦标赛（World Memory Championships）中文官网 http://www.wmc-china.com/，了解更多相关资讯。

练方法，通过训练，你也可以拥有"最强大脑"。

如果你想提升某方面的能力，最快速、简单的方式，就是找到一位专业的导师或者教练来教你练习的方法，以帮助你提高特定技能。例如，音乐表演、国际象棋、芭蕾、体操以及其他一些行业或领域，记忆力当然也是如此。

在刻意练习的诸多案例中，东尼介绍过一位普通大学生史蒂夫的事迹，通过刻意练习，他成了记忆数字方面的专家。

当史蒂夫努力提高自己的记忆力，以记住那些数字时，他显然并没有使用刻意练习来提高。那个时候，没人能记住 40 个或 50 个数字，当时的纪录表明，只有少数几位记忆高手可以记住不超过 15 个数字。而且，当时也没有已知的练习方法可用，自然也没有导师教授这样的课程。史蒂夫必须自己通过反复的试验来想办法提高。

如今，成千上万的世界记忆锦标赛选手，通过训练记忆数字，在参加记忆比赛时取得了优异成绩。有的人可以记住 600 个数字，甚至更多。（2018 年，来自广西南宁的少年组选手韦沁汝，5 分钟记住 608 个数字，打破了那一年的世界纪录。）

而当时的史蒂夫是卡内基梅隆大学的学生，一星期有几次训练任务，任务很简单：记住一串数字。以大约每秒一个数字的速度，向他读出一串数字，"7——4——0——1——1——9"，诸如此类，史蒂夫则努力记住所有数字，并在念完之后，把数字背诵一遍。

实验的目的是看一看史蒂夫能在多大程度上通过练习来提高记忆。史蒂夫第一天来参加记忆力的实验时，表现完全是正常的水平。他通常可以记住 7 个数字，有时候是 8 个，但不会再多。如果从街上随便找个人来做实验，可能他的表现和史蒂夫第一天的表现一模一样。到了星期二、星期三和星期四，他稍稍好一些了，平均恰好能记住 9 个数字，但依然不比普通人优秀。史蒂夫说，他觉得后面这几天和第一天相比，主要的差别在于，他知道自己可以预料到记忆测试会是什么结果，因而感到更加舒服。到了星期四的训练结束时，史蒂夫解释了为什么他觉得自己不可能再有所提高了。

接下来，星期五发生的一些事情，改变了一切。史蒂夫找到了突破的方法，他记住了 11 个数字。

到第 16 次练习时，他能稳定地记住 20 个数字了，练习了 100 多次以后，他的个人纪录达到了 40 个数字，在进行到第 200 次练习的时候，他能记住 82 个数字了。82！思考片刻，你会意识到，这种记忆力的增强到底有多么不可思议。

想象一下，在听到别人向你以每秒一个数字的速度念出这 82 个数字，然后你能把它们准确无误地全部记下来。这是一种什么样的情形！

你羡慕史蒂夫惊人的记忆力吗？

你想拥有史蒂夫的超级记忆力，甚至超过他吗？

别担心，本书会详细地为您介绍提升记忆力的秘诀，让你轻而易举超过史蒂夫。

Contents 目录

第一章

神奇的记忆

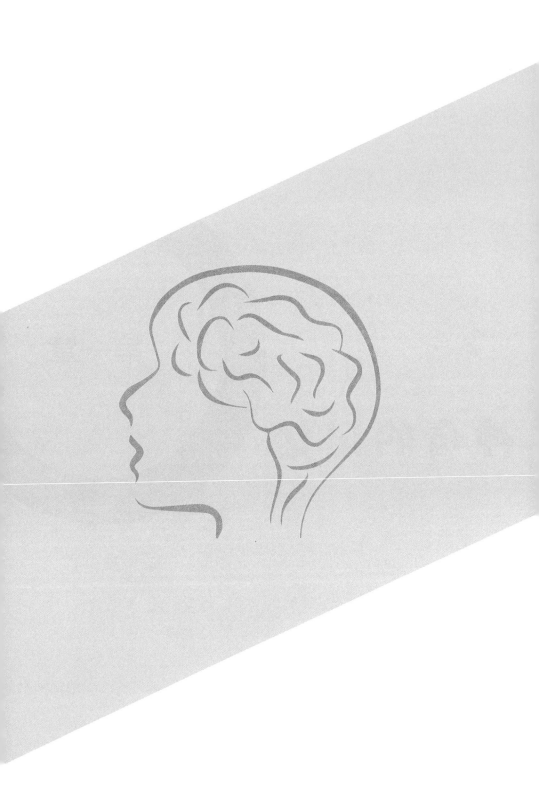

1.1　记忆法的起源与发展

原始社会，人们通过狩猎来获取食物，而在记忆过程中用到的规律和技巧也可以看作是记忆法的雏形。

在语言产生之后、文字出现之前的漫长岁月里，弥足珍贵的生活经验和实践中总结的智慧能否得到保存和传承，成了部落生存、壮大的依托。人类为此付出了足够的努力与尝试，结绳记事便是其中之一。

结绳记事在当时算是非常先进的一种记忆方法，也确实解决了记忆的难题，它让人们牢牢记住需要记忆的内容，不会因为时间久了而遗忘某一个绳结上的意义。但是，由于表达烦琐、操作复杂、编制时间长、保存困难并且表达的内容有限，最终被淘汰。

记忆法的概念是被古希腊人真正提出来的，大约在公元前500年，希腊人开始尝试用不同的地点来记忆事物，在记忆的过程中不断总结和尝试，最终形成了"地点法"。据说，古希腊人用地点法记忆诗歌和经文等，这一古老的记忆方法一直被沿用到现在，也成为全世界公认的最高效的记忆方法之一。

"罗马房间法"是罗马人在古希腊地点法的基础上演变出来的方法，在当时是众多记忆方法中最流行的，可以说罗马人是记忆术的伟大发明者和实践者。约在公元前100年，罗马人就开始运用不同房间的地点来记忆演讲词和经文等。

记忆文字的难题得以解决，1648年，德国人史登利·希劳斯发明了以数字代替文字的记忆方法来记忆文字类信息，逐步形成了现如今的数字编码法。1813年,柯利哥改进了这一方法并用来教导自己的学生用此方法来记忆药典的资料。

19世纪,著名的德国心理学家荷曼·艾宾浩斯做了一个非常著名的实验,并且发表了自己的实验报告《人们接触到的信息在经过人的学习后成为人的短时记忆》。他通过自我测试,得到了一些数据。又根据这些数据描绘出了一条曲线,这就是非常有名的"艾宾浩斯遗忘曲线",于是他提出了三个有关记忆的基本问题:

（1）记忆需要多少时间？

（2）记住的资料能保持多久？

（3）人类的记忆可以储存多少量？

自此以后,研究记忆的科学家越来越多。人类对记忆规律、记忆方法的认识,也越来越丰富和深刻。

在一部谍战剧中,一位地下工作者接到了获取敌方机密的重要任务,他利用人物身上的特点去记忆每个人的姓名、军衔等信息。利用环境中物品不同的摆放位置记忆撤退时的路线,利用照相机照相的方式将机密文件一张一张地复刻在自己的大脑中。这些记忆方式令人叹为观止:原来是可以这样记忆的,而这样的记忆方式就是我们现在所了解到的记忆方法,如转化法、编码法、故事法、锁链法和定位法等。

美国的一批科学家发动了一场脑研究科学宣传运动,美国政府很重视脑力潜能的开发,于是在1989年推出了"脑的10年"计划,把1990年1月1日至1999年12月31日命名为"脑的10年",并制定了以开发右脑为目的的"零点工程",还呼吁美国人民举办合适的活动来宣传、观察、评论这10年。

国际脑研究组织（IBRO）非常认同这一推动脑研究的有力措施，并力促其成员机构请求本国政府支持这个决议，以使"脑的10年"成为全球性行动，此后，美国科技文化蓬勃发展，科技文化的成果不断涌现，从而跻身于世界的前列。

1996年，日本开始启动为期20年的"脑科学时代"计划。2003年1月，启动了"脑科学与教育"研究项目，逐步构造理想的教学方法和教育体系。

1991年，由英国查尔斯王子的导师"世界大脑先生"东尼·博赞和雷蒙德·基恩发起的世界最高级别的记忆力赛事——世界记忆锦标赛强势面世，并且颁发国际认可且世界通用的"世界记忆大师"证书，大赛所产生的世界纪录直接载入吉尼斯世界纪录而无须审核。第一届赛事在英国大脑基金会的赞助下在英国成功举办，至此，全世界开始关注记忆竞技运动。

自2010年开始，世界记忆锦标赛的举办权已经屡次落户中国。

2019年，第28届世界记忆锦标赛在中国武汉举行，倡导"脑力奥运·益智强国"的理念，这项世界级的记忆运动盛会，推动人类永攀记忆力的高峰，以前被认为不可能达到的记忆极限，都被一一突破。得益于这项运动，科学用脑、高效记忆在全社会开始流行。近几年，中国脑力界的精英们不遗余力地向全社会传播记忆方法和技巧，随着《最强大脑》《挑战不可能》等节目的热播，更是让记忆运动家喻户晓。

1.2　记忆法工作的核心

学习分为记忆、理解和应用三个方面，记忆虽然不能代替完整的学习，但能促进学习。记忆技巧也不是死记硬背，它是根据科学家和心理学家对记忆规律的研究，而发展出来的科学的记忆方法。用科学的方法去记忆，可以在识记材料过程中缩短记忆时间，并且帮助我们在大脑中建立一个强大的记忆库。记忆库是"高层次"脑力活动的基础库，有了它，我们在学习的时候可以轻松地进行理解和记忆；有了这个记忆库，大脑就能在考试中为我们提供大量且准确的信息，使学习变得轻松且高效。

1.3 左脑、右脑大不同

我们都知道，大脑是分为左脑和右脑的，美国生物学家斯佩里博士通过割裂脑实验证实左右脑的功能是不对称的。用电脑来形象举例的话，左脑就相当于电脑的系统盘（C），电脑系统盘（C）的主要功能是进行运用操作；右脑相当于电脑的存储盘（E、F），电脑存储盘（E、F）的主要功能是进行资料储存。所以我们在学习的时候，左脑进行逻辑思考，右脑进行拓展延伸，左右脑完美协作可以大大提升学习效率。

左脑处理的信息：
文字、推理、分析、数字、逻辑、语言……
右脑处理的信息：
情感、创造、想象、音乐、图画、整体……

1.4 记忆的原理和应用技巧

💡 1.4.1 资料的意义

【记忆原理】越有意义的资料，越容易学习，从而也更易于记忆。

【记忆技巧】运用代替、联想等方式，使一些没有"内在意义"的资料变得有意义，从而使学习、记忆、储存和回忆更容易。

💡 1.4.2 资料的组织

【记忆原理】将资料分类。

【记忆技巧】像图书馆一样，把资料进行分类、整理、存放，以便随时提取。

💡 1.4.3 资料的联系

【记忆原理】以旧记新，把已经学过的知识和新学的知识联系起来。

【记忆技巧】联想是主要原则，把新的知识通过联想、编故事等方式嫁接到之前学的知识上。

💡 1.4.4 视觉分析

【记忆原理】视觉化，将需要记忆的资料转化成影像呈现在脑海里。

【记忆技巧】以视觉感知为主，辅助运用听觉、触觉、嗅觉、味觉等多种感官对需要记忆的资料进行加工。

☀ 1.4.5 集中精神

【记忆原理】高度集中注意力。

【记忆技巧】运用故事和联想，自然地集中注意力。左脑思考，右脑成像，左右脑协作，就不会走神或做白日梦了。

1.5 记忆与遗忘的规律

☀ 1.5.1 阶段性的记忆

▧ 1. 瞬间记忆

也叫感觉记忆，是短期记忆的前奏，保持时间只有 0.25～2 秒。瞬间记忆使我们能够做一些连续性的活动，比如走路。严格地说，瞬间记忆还没有形成记忆痕迹。只有注意到产生瞬间记忆的外部刺激，才能将其转变成短期记忆。

【阶段记忆技巧】运用影像增强专注力及延长专注的时间。

▧ 2. 短期记忆

短期记忆的广度为 7±2 个，保持时间在无复述的情况下只有 5～20 秒，最长也不超过 1 分钟，记忆痕迹会随着时间的消逝而自动消退。记忆的内容在这个阶段很容易受到干扰，导致出现记忆错误甚至记忆遗失。通过不断复习，储存在短期记忆的资料会转入长期记忆。

【阶段记忆技巧】使用故事、连锁等方法使储存资料时间加长，使资料更容易转入长期记忆。同时，也减少了复习的频率和次数。

3. 长期记忆

长期记忆的信息是以有组织的状态被贮存起来的，记忆量惊人，甚至是无限的，指的是存储时间在 1 分钟以上的记忆，一般能保持多年甚至终身，主要来自短期记忆不断重复的内容，或者是在获得资料的时候感觉器官受到很强烈的刺激，比如撞车引起爆炸。

【阶段记忆技巧】运用已经记牢的资料与新的资料建立联系，使其达到长期记忆的效果。

1.5.2 记忆的步骤

步骤 1：获取资料

获取资料是记忆的开始，可以分成有意识和无意识两种。有意识记忆是有目的、自觉地运用方法的记忆，无意识记忆是无目的、没有应用方法、随意或偶然地留下痕迹。

【记忆技巧】有意识地运用连锁和故事，自觉地采用方法去获取资料。

步骤 2：保存资料

保存资料是记忆的中心环节，也是记忆资料的巩固过程。在记忆资料的巩固过程中，很容易受到其他资料的干扰，所以加强复习是巩固记忆最好的方法。

【记忆技巧】利用影像记忆优于文字记忆的原理，使需要记忆的资料记忆痕迹更深刻、更牢固。

步骤 3：提取资料

提取资料可以分为再认和回忆两种：再认是对曾经感知过的资料再接触时仍可以认得出来，所要提取的资料可以呈现出来，如觉得某人的面孔非常熟悉；回忆是指对曾经感知过的资料直接在头脑中重现的过程，如回忆出某人的名字。

【记忆技巧】运用头脑的"记忆宫殿"，把资料分类、存档，便于更快、更准确地提取资料。

☀ 1.5.3 记忆的种类

▷ 1. 听觉型

喜欢大声朗读或者阅读时虽然不发出声音，但嘴巴会读（默读）。容易记忆声调、音律。对讨论过的资料记得比较好，但是容易受到外界环境中杂音的影响。

▷ 2. 视觉型

阅读的速度会比较快。同样的资料看过比听过记忆的效果要好。比较不容易受到外界环境中杂音的干扰，但是会受到其他环境因素的影响。

▷ 3. 动作型

动作记忆会比其他的感官记忆保持的时间更长久，如运动员、赛车手、舞蹈演员、乐器演奏者等，都是动作型记忆者。多种感知器官协同作用，可以使需要记忆的资料在头脑中建立更多联系，从而使身体产生记忆，大大提高记忆效果。

【记忆技巧】运用影像、颜色、声音和动作来创作故事，使头脑建立更多的通道和联系，可大大地提高记忆效果。

☀ 1.5.4 遗忘的规律

▷ 1. 消失理论

德国心理学家艾宾浩斯发现了遗忘规律。他用无意义音节做资料，来测试遗忘的速度，如 wux、caz、bij 等。因为随着时间的流逝，使记忆痕迹消失而产生遗忘。遗忘有先快后慢的特点。遗忘虽然受资料的性质、数量、记忆方法等的影响，但是先快后慢的特点是不变的。

【记忆技巧】使用方法让需要记忆的资料得到更高层次的加工，降低遗忘的速度。

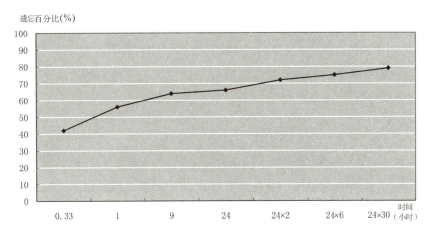

2. 干扰理论

干扰理论是指新的资料和旧的资料互相干扰而产生的遗忘。干扰理论分为两种：

（1）前摄抑制——前面学习的内容干扰后面学习的内容。

（2）倒摄抑制——后面学习的内容干扰前面学习的内容。

倒摄抑制现象由米勒和皮尔杰克首先发现。

【记忆技巧】使用明显、清晰、有特点的影像，使记忆后的或正在记忆中的资料减少干扰的发生。

3. 变形理论

变形理论是由格式塔心理学家提出来的，指的是大脑中记住的资料产生变化而影响原来的影像所产生的遗忘。

【记忆技巧】对需要记忆的资料进行加工、编码，运用多种感官记忆，使记忆痕迹更加牢固。

4. 动机和情绪理论

本体的动机和情绪会影响将要记忆的资料。因为人会下意识地想忘记或抑制回忆不愉快的事物，精神分析学家弗洛伊德将之称为动机性遗忘。

【记忆技巧】有意识地对需要记忆的资料进行加工，而且所创作的故事要生动有趣，使学习者乐于回忆。记忆技巧的故事法可以让学习者身心愉快并树立信心，增强学习和记忆的效果。

5. 回忆线索理论

回忆线索理论强调，遗忘的产生是因为提取失败。记忆痕迹并没有消退或受到干扰，而是还存储在记忆库里。提取资料失败是由于没有找到合适的线索，即没有找到开启记忆库的那把钥匙。

【记忆技巧】转化法、编码法、故事法、锁链法、定位法等，都是开启记忆库的钥匙和回忆的线索。

注：没有单一理论可以完整地解释遗忘的原因。

第二章

高效记忆
的方法

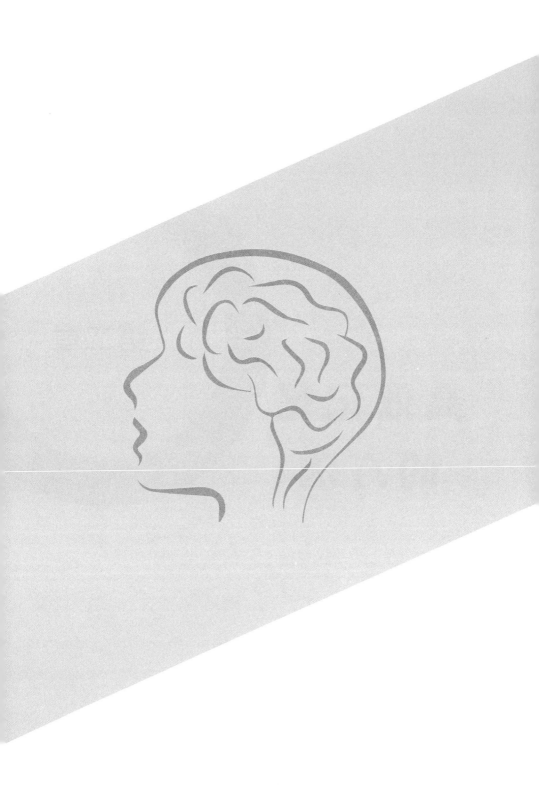

记忆法，又称记忆术，是用逻辑思维和非逻辑思维创造联结的记忆之艺术。记忆法有多种，下面重点介绍常见的几种，分别是：转化法、编码法、故事法、锁链法和定位法。

2.1 转化法

转化法是指通过使用一些技巧，用容易产生图像联想的形象字词代替无内在图像关联的抽象字词，让无内在图像关联的抽象字词可以在大脑中产生清晰图像的方法。转化法使得我们更容易记牢那些不容易产生图像联想的抽象字词，同时也可以锻炼想象力和创造力，使思维更加活跃。

练习 2-1：谐音

谐音：读音不需要完全一样，接近即可。

示例： 由于——鱿鱼　　乌拉圭——我拉龟

　　　毕生——

　　　特斯拉——

练习 2-2：关联物

关联物：通过 1 可以想到 2。

示例： 老师——学校　　胡萝卜——植物

　　　北京——

　　　裙子——

练习 2-3：倒字

倒字：从后往前念比从前往后念更容易产生图像。

示例：雪白——白雪　　　山石——石山

　　　　孔铁——

　　　　人咬狗——

增减字：通过添加或减少文字达到产生图像的效果。

示例：报酬——要报酬　　害羞的猪——亥猪

　　　　仇恨——

　　　　坚强——

望文生义：用文字的意思产生图像。

示例：独钓——自己钓鱼

　　　　国破——打仗的国家

　　　　闲田——

　　　　烟村——

2.2　编码法

☀ 2.2.1 数字编码表

01	树	02	铃儿	03	耳朵	04	小轿车
05	手套	06	手枪	07	锄头	08	溜冰鞋
09	猫	10	棒球	11	筷子	12	椅儿
13	医生	14	钥匙	15	鹦鹉	16	石榴
17	仪器	18	腰包	19	药酒	20	香烟
21	鳄鱼	22	双胞胎	23	和尚	24	闹钟

25	二胡	26	河流	27	耳机	28	恶霸
29	饿囚	30	三轮车	31	鲨鱼	32	扇儿
33	闪闪的星星	34	三条丝巾	35	珊瑚	36	山鹿
37	山鸡	38	妇女	39	三角龙	40	司令
41	蜥蜴	42	柿儿	43	石山	44	蛇
45	师傅	46	饲料	47	司机	48	石板
49	石球	50	武林高手	51	工人	52	鼓儿
53	午餐	54	武士	55	火车	56	蜗牛
57	武器	58	尾巴	59	五角星	60	榴莲
61	儿童	62	牛儿	63	流沙	64	律师
65	尿壶	66	溜溜球	67	油漆	68	喇叭
69	太极图	70	冰淇淋	71	机翼	72	企鹅
73	花旗参	74	骑士	75	西服	76	汽油
77	机器人	78	青蛙	79	气球	80	巴黎铁塔
81	白蚁	82	靶儿	83	芭（蕉）扇	84	巴士
85	宝物	86	八路	87	白旗	88	爸爸
89	芭蕉	90	酒瓶	91	球衣	92	球儿
93	旧伞	94	首饰	95	救护车	96	旧炉
97	酒旗	98	球拍	99	舅舅	100	望远镜

注：数字对应的编码词语，都有具体的图像。出于尊重作者著作权考虑，不能将以上数字编码图片一一对应列举。如有需要，可以通过网络搜索对应编码图片。数字编码将不断重复的数字用实物代替，因为实物比数字更容易产生影像。用实物来代替数字，一定要牢记01～100共100个数字编码。

☀ 2.2.2 数字编码训练

我们的生活中处处都离不开数字，据科学统计，能够熟记数字类信息的人生活更便利、做事更高效、生活品质也更高。

想要快速、准确地记忆数字类信息，前提是一定要牢记01～100 共 100 个数字编码。

数字编码通过 4 种常用方式来进行演变。

（1）谐音转化：这是最常用，也是最快捷的转化方式之一，只要读音接近即可，不需要完全一致，相似的读音很容易联想到我们需要的内容，如 15= 鹦鹉、52= 鼓儿、97= 酒旗（这些都是读音相似的）。

（2）关联转化：这也是最常用、最快捷的转化方式之一，特别适合转化生活中常用但没有直接影像关联的数字，如 38= 妇女、61= 儿童（这些是由节日联想到的）。

（3）相似转化：这个方法是最直接的一种转化方式，只要形似就可以，如 100= 望远镜、07= 锄头、69= 太极图（这些都是形似的）。

（4）意义转化：这种方法比较深入，需要对所联想的事物具有一定程度的了解，如 09= 猫（因为猫有九条命）。

想要快速记住 100 位数字编码，还可以运用故事法（见 P24）将所有的数字编码按顺序串联成故事，用故事链接的方式帮助记忆。

例如，树（01）上挂着一串铃儿（02），你一边听着美妙的铃儿声一边吃耳朵饼（03），不小心把耳朵饼掉在了小轿车（04）上，从小轿车里拿出来一副手套（05），手套里包着一把手枪（06），手枪打中了锄头（07），锄头倒下来砸坏了溜冰鞋（08），溜冰鞋里藏着一只小猫（09），小猫怀里抱着棒球（10）……

这样 10 个一组，或者 20 个一组，很快就能记下来 100 个数字编码，多使用就会很熟练了。

数字是国际语言之一，因此，所有国际化的记忆比赛总是少不了数字这一项。

世界记忆锦标赛的传统十大记忆项目中，七项都与数字有关。其中，直接记忆数字的项目就占了快速数字、马拉松数字、听记数字 3 个项目，因此，想要完成世界记忆锦标赛的所有项目，并且成为世界记忆大师，数字记忆的方法就成了最重要的方法之一。

所有的世界记忆大师都在使用数字编码记忆数字，当然，想要快速记忆数字信息，只有编码法是远远不够的，还需要搭配故事法、锁链法、定位法等其他记忆方法一起使用。

练习 2-6：编码使用

示例：1892 年发现病毒——腰包里装的球儿感染了病毒。

1911 年到达南极点——用药酒泡的筷子被送去了南极。

629 年唐僧去取经——唐僧去取经时看到有人拿着手枪在打饿因。

1610 年发现土星环——石榴和棒球先后掉到了土堆里。

1662 年郑成功收复台湾——

1127 年金灭了北宋——

1928 年井冈山会师——

1840 年鸦片战争爆发——

数字编码记《三十六计》

《三十六计》介绍

《三十六计》讲的是中国古代的三十六种兵法策略，它是根据中国古代军事思想和丰富的斗争经验总结而成的兵书，是中华民族悠久的非物质文化遗产之一。原书按计名排列，共分六套，即胜战计、敌战计、攻战计、混战计、并战计、败战计。每套各包含六计，总共三十六计。

① 瞒天过海	② 围魏救赵	③ 借刀杀人	④ 以逸待劳
⑤ 趁火打劫	⑥ 声东击西	⑦ 无中生有	⑧ 暗度陈仓
⑨ 隔岸观火	⑩ 笑里藏刀	⑪ 李代桃僵	⑫ 顺手牵羊
⑬ 打草惊蛇	⑭ 借尸还魂	⑮ 调虎离山	⑯ 欲擒故纵
⑰ 抛砖引玉	⑱ 擒贼擒王	⑲ 釜底抽薪	⑳ 浑水摸鱼
㉑ 金蝉脱壳	㉒ 关门捉贼	㉓ 远交近攻	㉔ 假道伐虢
㉕ 偷梁换柱	㉖ 指桑骂槐	㉗ 假痴不癫	㉘ 上屋抽梯
㉙ 树上开花	㉚ 反客为主	㉛ 美人计	㉜ 空城计
㉝ 反间计	㉞ 苦肉计	㉟ 连环计	㊱ 走为上计

《三十六计》的记忆方法

我们可以选择多种方法将三十六计记下来，下面介绍几种常用的方法：

（1）分组记忆法：按胜战计、敌战计、攻战计、混战计、并战计、败战计分为 6 个组块，每个组块有 6 个妙计，通过熟读加理解的方法即可记忆下来。

（2）抽字串联法：每个妙计抽一个字，6 个字编成一句话，其中可以用到谐音等方法。例如，按顺序分别抽字组成以下句子"天黑（围）借一（逸）火机（击）"；"（学）生参（仓）观，笑（着）理顺（参观内容）""打湿（尸）虎，（需要）擒砖王"；"薪水金门远嫁"；"偷桑吃（痴），上树客"；"没（美）空将（间）肉连上"，抽字之后，可以根据自己的习惯编成简短的小故事。

（3）数字编码定桩记忆：一个数字编码配对一个妙计，将数字编码与妙计的内容进行逻辑或非逻辑的联结，从而实现快速记忆与快速提取。该方法的优点在于能快速定位到第几计，可以做到顺背或倒背 36 个妙计，前提是需要掌握 36 个数字对应的数字编码。

数字 1～36 的编码分别为：

1. 树	2. 铃儿	3. 三角凳	4. 汽车	5. 手套
6. 手枪	7. 令旗	8. 溜冰鞋	9. 猫	10. 棒球
11. 梯子	12. 椅儿	13. 医生	14. 钥匙	15. 鹦鹉
16. 石榴	17. 仪器	18. 腰包	19. 衣钩	20. 香烟
21. 鳄鱼	22. 双胞胎	23. 儿童雨伞	24. 闹钟	25. 二胡
26. 河流	27. 耳机	28. 恶霸	29. 饿囚	30. 三轮车
31. 鲨鱼	32. 扇儿	33. 闪闪的星星	34. 三条丝巾	
35. 山虎	36. 山鹿			

下面以数字编码法为例详细讲解记忆过程。

数字—编码—妙计—联结方法

1—树—瞒天过海：满（瞒）天的树叶漂洋过海。

2—铃儿—围魏救赵：魏晨拿着铃儿去救出赵丽颖。

3—三角凳—借刀杀人：从三角凳里弹出一把刀，误杀了人。

4—汽车—以逸待劳：一（逸）辆汽车带（待）着人民去劳动。

5—手套—趁火打劫：趁着起火，戴着手套去打劫。

6—手枪—声东击西：手枪的声音从东边穿到西边。

7—令旗—无中生有：挥舞着令旗激昂地演讲，让大家的斗志从无到有。

8—溜冰鞋—暗度陈仓：溜冰鞋能发出亮光，让它的主人能够穿过黑暗的仓库。

9—猫—隔岸观火：猫看到对岸起火了却无动于衷，因为它有九命猫。

10—棒球—笑里藏刀：打棒球的老头很爱笑，但他笑里藏刀。

11—梯子—李代桃僵：顺着梯子爬到树上摘李子和桃子，时间太长，都冻僵了。

12—椅儿—顺手牵羊：顺手将羊儿拴在椅子上。

13—医生—打草惊蛇：医生采草药时惊动了蛇。

14—钥匙—借尸还魂：神奇的钥匙打开棺材后，里面的尸体复活了（还魂）。

15—鹦鹉—调虎离山：鹦鹉通过叫声把老虎调离了这座山。

16—石榴—欲擒故纵：石榴砸坏了玉琴（欲擒）。

17—仪器—抛砖引玉：仪器钻开砖头，发现下面有很多宝贵的玉石。

18—腰包—擒贼擒王：腰包被贼王偷了，要擒拿他。

19—衣钩—釜底抽薪：用衣钩从釜底抽出柴火。

20—香烟—浑水摸鱼：香烟的烟灰让水变浑浊了，很难摸到鱼。

21—鳄鱼—金蝉脱壳：鳄鱼用锋利的牙齿咬住了一只金色的蝉。

22—双胞胎—关门捉贼：双胞胎一起合作，一人去关门，一人捉到了盗贼。

23—儿童雨伞—远交近攻：儿童节小朋友去远郊（远交）游玩需要带儿童雨伞。

24—闹钟—假道伐虢：嫁到法国（假道伐虢）路途遥远，需要24小时才到，路上顺便买了个闹钟。

25—二胡—偷梁换柱：偷了二胡去弹唱《梁山伯与祝英台》。

26—河流—指桑骂槐：河流两边种满了桑树和槐树。

27—耳机—假痴不癫：他戴着耳机自言自语，像痴人说梦话，但他并不疯癫。

28—恶霸—上屋抽梯：恶霸上了屋顶就抽掉梯子，真的很恶。

29—饿囚—树上开花：饥饿的囚犯连树上开的花都吃了。

30—三轮车—反客为主：三轮车载着客人，这个客人居然把三轮车主人赶下了车。

31—鲨鱼—美人计：美人很会杀鱼（鲨鱼）并会烹饪好吃的鱼。

32—扇儿—空城计：我边拿着扇儿扇风边听《天空之城》这首歌。

33—闪闪的星星—反间计：闪闪的星星照在地上可以反光。

34—三条丝巾—苦肉计：三条丝巾绑着苦瓜和瘦肉挂在一起。

35—山虎—连环计：用铁环套在山虎脖子上。

36—山鹿—走为上计：山鹿走得非常快，这样猎人才追不上。

2.3　故事法

人类被称为"视觉动物"，因为我们的大脑有接近一半的部分都是负责处理视觉信息的。因此，大部分人对影像的记忆最为深刻。而我们对故事的记忆能力又远远超过对零碎、片段式的事物的记忆。所以将所要记的事物编成一个动态的故事，同时在脑海中"看"到故事的情节，将帮助我们更容易记牢要记的事物。

☀ 2.3.1 大脑对故事情节的要求

（1）"看"到事物的影像，影像可以体积大、数量多，有不同的颜色或轮廓等。

（2）用荒谬、夸张、搞笑的故事把所要记的事物串联起来，使整个故事生动有趣。

（3）故事情节可以是现实中发生过的，也可以是虚构的。

（4）故事简洁直接，没有过多的枝枝蔓蔓。

编故事是一件很好玩、很有趣的事情！我们一起来试试。

练习 2-7：编故事

示例 1：资料：老鼠—魔方

　　　　故事：老鼠在玩魔方。

示例 2：资料：月亮—尾巴—电线—树叶

　　　　故事：月亮长着尾巴爬到电线上摘树叶。

　　　　资料：水杯—书包

　　　　故事：

资料：苹果—儿童

故事：

资料：花猫—毛笔—坦克—水杯

故事：

资料：长颈鹿—包子—电脑—电影

故事：

☀ 2.3.2 故事法＋编码法：记圆周率小数点后 30 位数字

1415926535 8979323846 2643383279

根据两位数编码进行数字编码优化为：

14 钥匙	15 鹦鹉	92 球儿	65 尿壶	35 山虎	89 芭蕉
79 气球	32 扇儿	38 妇女	46 饲料	26 河流	43 死神
38 妇女	32 扇儿	79 气球			

现在我们就作为总导演，运用想象力轻松演绎一个虚拟夸张的故事：

一把钥匙砸到了鹦鹉的头部，鹦鹉那个痛啊，于是用爪子抓住球儿，把球儿扔进尿壶。不小心溅到山虎，山虎一身尿骚味，山虎拿起芭蕉叶向气球扇去，气球发生了爆炸，从里面掉出来一把扇儿。扇儿砸在妇女的头上，把妇女砸倒在一堆饲料里。妇女很生气，将饲料扔进了一条河流里。河流里跳出一个死神，用镰刀吓唬妇女，妇女害怕极了，用手中的扇儿打破了气球，爆炸声吓跑了死神。

为保证将数字完全记住，我们可以增加许多形容词让故事更加生动有趣。比如，一把锈迹斑斑的钥匙、一把金光闪闪的钥匙、一串保险柜密码箱钥匙，等等。发挥自己的想象力，进行不同风格的演绎，但在记忆比赛中还是不要节外生枝，能够用最简洁、最快、最高效的故事记忆下来最好。

2.4 锁链法

锁链法就是将要记的事物一环扣一环地联结起来，所有的事物都能利用这种方法按照顺序一字不差地记下来。运用锁链法的时候尤其需要注意事物的顺序，同时，大脑也要"看"到故事的情节。

☀ 2.4.1 锁链法的使用步骤

步骤1：浏览要记忆的事物，确定每个事物的影像，调整好记忆顺序。

步骤2：用动词将需要记忆的事物进行联结。

步骤3：从头到尾、从尾到头复习一遍，强化脑中看到的画面，使其生动、清晰。

步骤4：还原出原字词，写出准确的答案。

（在记忆和回忆的时候，用秒表记录好时间，连续不断地加快自己脑中出图和联结的速度。）

用锁链法，按照使用步骤记忆下面20个形象词语。

练习2-8：锁链法

示例：手机—国王—草地—甲虫—剪刀

画笔—电影—苹果—苍蝇—小偷

花猫—房子—手套—小草—手铐

狮子—火车—军人—橘子—毛毛虫

记忆锁链：买了新手机的国王坐在草地上拍甲虫，甲虫拿着剪刀剪坏了画笔，我拿着画笔画电影里的苹果，苹果腐烂了引来一堆苍蝇围着小偷，小偷抱着花猫进房子去拿手套拔小草，小草里有一副手铐，被狮子带上了火车还给军人，军人吃橘子吃出了一条毛毛虫。

练习1：斑马—外星人—粉笔—坦克—大象

雪人—手袋—蜘蛛—药丸—教室

蜜蜂—书包—扇子—企鹅—足球

圣诞树—犀牛—砖头—月亮—手机

记忆锁链：

记忆时间：＿＿＿＿＿＿＿＿　正确个数：＿＿＿＿＿＿＿

练习2：贺敬之的作品：

《白毛女》

《中国的十月》

《西去列车的窗口》

《放声歌唱》

《雷锋之歌》

《八一之歌》

记忆锁链：

贺敬之跟着白毛女在中国的十月要回延安，坐在西去列车的窗口放声歌唱，唱着《雷锋之歌》和《八一之歌》。

练习 3：老舍的作品：

《一块猪肝》

《猫城记》

《小坡的生日》

《骆驼祥子》

《赶集》

《火车》

记忆锁链：

☀ 2.4.2 锁链法记字与练习

序号	字	读音	记忆	序号	字	读音	记忆
1	衅	xìn	血流了一半还去挑衅	9	慤	què	贝壳的中心有只孔雀
2	鑫	xīn		10	驮	duò	
3	焱	yàn		11	天	tiān	
4	淼	miǎo		12	犇	bēn	
5	垚	yáo		13	柽	chēng	
6	杳	yǎo		14	藠	jiào	
7	缉	jǐ		15	羰	tāng	
8	茧	jiǎn		16	槑	méi	

> **注：**
>
> 1. 按照先后顺序进行记忆。
>
> 2. 每个事物都要有画面。
>
> 3. 使用动词将事物之间紧密地进行联结。
>
> 4. 统一动作不要重复太多次。
>
> 5. 少用或不用"变""像""做成"等。

锁链法是用一环扣一环、环环相扣的形式把资料记忆下来的一种常用方法，可用于世界记忆锦标赛随机词语项目以及现实中的许多场合。

☀ 2.4.3 应用锁链法记圆周率小数点后 31~60 位数字

5028841971 6939937510 5820974944

根据两位数编码进行数字编码优化为：

50 奥运五环	28 恶霸	84 巴士	19 药酒	71 机翼
69 太极	39 三九感冒灵	93 旧伞	75 西服	10 棒球
58 尾巴	20 香烟	97 酒旗	49 石球	44 蛇

记忆锁链：

在奥运会上，奥运五环标志下方，有一个恶霸一脚踢翻了巴士车，巴士车上的药酒全部洒在了一架飞机的机翼上。机翼上面，正站着一位练太极拳的老头在喝三九感冒灵，喝完以后拿出一把旧伞，穿上西服，用棒球去打一条鱼的尾巴。然后抽着香烟来到了酒旗下方，看见一个石球压住了一条蛇。

不管是锁链法，还是故事法，在记忆的时候，我们都需要先将数字转成图像；但是在背诵或者默写的时候，我们需要将图像转换成数字。

> **注:**
>
> 故事法和锁链法的区别在于：故事法更有情节性，而锁链法联结则简单得多。

2.5 定位法

☀ 2.5.1 地点定位法

地点定位法，是以在大脑中按一定顺序建立一套固定、有序的定位系统，通过想象和联结的方式，将需要记忆的资料存储在相应的定位上，从而达到快速记忆、存储信息、提取信息的方法。它是记忆法中最为古老、最为重要的方法之一。

早在公元前500年，罗马演讲家就用类似的方法记忆演讲稿，所以"古希腊记忆法"也称"罗马房间法"。

地点定位法可以结合故事法和锁链法在同一个地点记忆多种事物。但在初期练习时最好一个地点只记忆一种事物，避免产生记忆混乱。

地点定位就是指我们所处的任何环境，如自己的家里、常去的超市、附近的公园、所在的学校等，在这些熟悉的环境中选取若干熟悉、有序、相对固定的地点进行定位。

📖 1. 地点定位的要求

（1）分区，每个区都有自己的标题。

（2）可按照上下、左右、远近等顺序进行寻找。

（3）相对而言，大小、距离适中。

（4）相对不经常移动。

（5）同一空间尽量不找相同的物品，如需寻找，要中间隔开。

（6）用相同的角度记忆和回忆。

（7）特别注意1、5、10……的地点定位。

例如，在自己的家里，最少可找到30个定位。

卧室

① 衣柜

② 床

③ 梳妆台

④ 盆栽

⑤ 窗帘

卫生间

① 镜子

② 洗手池

③ 花洒

④ 垃圾桶

⑤ 马桶

练习 2-10：在家里找地点

客厅	厨房
①	①
②	②
③	③
④	④
⑤	⑤

2. 用地点定位法记圆周率小数点后 61～100 位数字

5923 0781 6406 2862 0899 8628 0348 2534 2117 0679

根据两位数编码进行数字编码优化为：

59 五角星　23 和尚　07 令旗　81 白蚁　64 律师

06 手枪	28 恶霸	62 牛儿	08 溜冰鞋	99 舅舅
86 八路军	28 恶霸	03 三角凳	48 石板	25 二胡
34（三条）丝巾	21 鳄鱼	17 仪器	06 手枪	79 气球

为记忆精确，我们采用一个地点记 4 个数字的方法，那么，记住 40 个数字需要 10 个地点，现在我们用两组地点（每组地点 5 个）来记忆。

注：

　　在用地点定位法记忆数字的时候，一定要敢于"破坏"，可以采用数字编码破坏地点，或者地点破坏数字编码等方式进行。

用卧室 5 个地点来记忆圆周率小数点后 61～80 位数字：

（1）衣柜——5923：一个五角星从天而降，和尚眼冒金星，用头撞破了衣柜门。

（2）床——0781：令旗一挥，一大群白蚁爬到了床上，并撕咬盆上的被子。

（3）梳妆台——6406：律师用手枪枪托击打梳妆台。

（4）盆栽——2862：恶霸一拳将一头牛儿打倒在盆栽上，盆栽的盆儿碎了一地。

（5）窗帘——0899：我穿着溜冰鞋，把舅舅撞倒在了窗帘上。

用卫生间的 5 个地点来记忆圆周率小数点后 81～100 位数字：

（1）镜子——8628：一位八路军用刺刀刺恶霸，恶霸跪在镜子前面求饶。

（2）洗手池——0348：我踩着三角凳，将一块石板搬上了洗手池。

（3）花洒——2534：一位二胡表演者，一边拉二胡，一边将花洒里的水倒在丝巾上。

（4）垃圾桶——2117：鳄鱼用嘴巴在垃圾桶里翻出了一大堆仪器。

（5）马桶——0679：手枪击破气球以后，气球爆炸炸碎了马桶。

> **注：**
>
> 1.初学者要以一个地点记忆一个事物，避免混淆。
>
> 2.初学者可以每5个地点复习一次。
>
> 3.尝试顺背、倒背。
>
> 4.记忆结束后进行回忆。脑海中先出图，再还原到数字。

挑战 100 位：

3.14＿＿＿＿＿＿＿＿＿＿＿＿＿＿＿＿＿＿＿＿＿＿＿＿

＿＿＿＿＿＿＿＿＿＿＿＿＿＿＿＿＿＿＿＿＿＿＿＿＿＿

＿＿＿＿＿＿＿＿＿＿＿＿＿＿＿＿＿＿＿＿＿＿＿＿＿＿

＿＿＿＿＿＿＿＿＿＿＿＿＿＿＿＿＿＿＿＿＿＿＿＿＿＿

学习知识是为了应用，与他人分享是为了增加学习自信，不妨把圆周率小数点后 100 位倒背如流地展示给家人和朋友，一起分享学习的成果。

☀ 2.5.2 身体定位法

✍ 用身体定位法记忆十二星座

在古代，人们为了方便在航海时辨别方位与观测天象，便将散布在天上的星星运用想象力联结起来。其中有一半星星在古代就已被命名了，其命名的方式来源于古代神话故事中的人物或动物等。

每个人都听说过十二星座，但是你能按照顺序将其背诵下来吗？

① 水瓶座	② 双鱼座	③ 白羊座	④ 金牛座
⑤ 双子座	⑥ 巨蟹座	⑦ 狮子座	⑧ 处女座
⑨ 天秤座	⑩ 天蝎座	⑪ 射手座	⑫ 摩羯座

为了快速记忆十二星座，我们将运用记忆法里面的身体定位法帮助记忆。首先，从头到脚选 12 个身体部位，作为记忆桩来配合记忆十二星座。在运用身体定位法记忆的过程中，一定要加入动作，这样可以记得更加牢固。

身体部位顺序

① 头顶	② 眼睛	③ 耳朵	④ 鼻子	⑤ 嘴巴	⑥ 脖子
⑦ 肩膀	⑧ 手肘	⑨ 手掌	⑩ 腰	⑪ 膝盖	⑫ 脚

要想快速记忆，就要学会以熟记新。有关系找关系，没有关系创造关系。12 个身体部位对我们来说非常熟悉，接下来，把 12 个星座与 12 个身体部位一一进行联结。

第 1 个，用头顶来记忆水瓶座：我们用头砸碎水瓶，想象砸的过程和砸完以后水瓶散落一地，还有碎片把头划伤。

第 2 个，用眼睛来记忆双鱼座：想象用两条鱼做成眼镜戴在眼睛上，眼睛凉凉的。

第 3 个，用耳朵来记忆白羊座：想象一只白色的绵羊用舌头舔我们的耳朵，然后感觉耳朵湿润又温暖。

第4个，用鼻子来记忆金牛座：想象鼻孔被牛角伸进来戳破了，鼻血流在了牛角上。

第5个，用嘴巴来记忆双子座：想象母亲用嘴亲吻两个可爱的孩子，孩子的脸上留下了红红的印迹。

第6个，用脖子来记忆巨蟹座：想象一只大螃蟹的两个大钳子夹在脖子上，脖子上挂着一只大螃蟹。

我们已经记住了十二星座的前六座，在记忆后面的星座之前，一起来复习一遍。

① 头顶——水瓶座

② 眼睛——双鱼座

③ 耳朵——白羊座

④ 鼻子——金牛座

⑤ 嘴巴——双子座

⑥ 脖子——巨蟹座

现在开始记忆后面的星座：

第7个，用肩膀来记忆狮子座：想象一只大狮子靠在肩膀上打呼噜，呼出的热气让肩膀暖暖的。

第8个，用手肘来记忆处女座：想象两个女孩用手肘挎着一起散步。

第9个，用手掌来记忆天秤座：想象一只手放在天秤的一边，另一只手拿着砝码来测量手的重量。

第10个，用腰来记忆天蝎座：想象腰上围了一圈带毒刺尾巴的蝎子，腰又疼又痒。

第11个，用膝盖来记忆射手座：想象膝盖被两支橡胶弓箭射中，弓箭牢牢地吸在了膝盖上。

第12个，用脚来记忆摩羯座：想象摩羯的脚踩在我们的脚上，脚被压得无法动弹。

以上是用身体的 12 个部位来记 12 星座，大家在回忆的时候，只需要按照身体自上而下的顺序来回忆身体部位以及它们对应的画面就可以回忆出相应的星座。同时，我们还可以抽背任意一个星座。比如第 3 个星座是什么，我们可以想一下第 3 个身体桩位是耳朵，然后想起耳朵被白色的绵羊舔过，就能回忆出是白羊座。

2.6　超级记忆的综合运用

☀ 2.6.1 用于学科

记忆各类学科内容的方法大体上相同，核心是把要记忆的文字转成有画面感的图像。如果记忆的是"榴莲、杯子、老虎"这类名词，就直接转成其实物的图像。如果是形容词、动词等一些没有画面感的抽象词，就需要用谐音法，将其转成有画面的图像。例如，"整治"这个词，整的谐音——枕，治的谐音——纸，那么用"枕头上放着一摞纸"这个图像就可以很容易地记住这个词了。再例如"退迩"，退的谐音——虾，迩的谐音——耳，连起来这个图像就是虾的耳朵，或者虾钻进了耳朵里。长段的文字完成图像转化后，再用地点桩定位或者用故事法串联就可以了。下面是一般情况下记忆的步骤：

第 1 步，熟读需要记忆的内容；

第 2 步，把有数字的内容转成编码；

第 3 步，提取关键词转为图像；

第 4 步，放入地点桩用故事法串联；

第 5 步，复习。

💨 1．以历史学科为例

人教版《中国历史》（七年级上册）

第9课　秦统一中国

公元前221年，秦国完成统一大业，建立秦朝，定都咸阳。

（1）第1步，熟读。

（2）熟读后，我们来到第2步数字转图像：

　　221年——22，发音和"儿"相同，两个一样的儿子，因此转成编码双胞胎，1发音和"药"相同，转化成药片。

（3）接下来第3步提取关键词转图像：

　　公元——公园

　　秦——琴

　　统一——统一方便面

　　大业——大叶子

　　建立——宝剑立着

　　咸阳——很咸的羊肉

（4）第4步找地点桩：

　　这段历史事件是以公元前开头的，因此我们把公园门前作为地点桩。

（5）然后我们就进行第5步，把已经转好图像的关键词串联成一个有画面的小故事：

　　在公园的前面（公元前），一对双胞胎嘴里含着药（221年），看到一把琴（秦）上放着统一方便面（统一），里面还飘着大叶子（大业），他们把剑立在琴边（建立秦朝），吃起了很咸的羊肉串（定都咸阳）。

　　故事串联好了，接下来就跟随故事画面还原记忆内容。

（6）最后一步很重要，根据艾宾浩斯遗忘曲线规律，阶段性、科学的复习是达到永久记忆的关键。

2. 以地理学科为例

人教版《地理》（七年级下册）亚洲及欧洲

亚洲和欧洲的分界：乌拉尔山脉—乌拉尔河—里海—大高加索山脉—黑海—土耳其海峡

记忆方法：鸭子（亚洲）和海鸥（欧洲）分开两边站着，两只乌鸦（乌拉尔山脉、乌拉尔河）从它们里面的海中（里海）冲出，飞到又大又高有铁索的山上（大高加索山脉），又飞进海里洗澡，把海都染黑了（黑海），最后耳朵吐着气泡（土耳其海峡）飞走了。

3. 以化学元素周期表为例

化学元素前20个

氢 氦 锂 铍 硼 碳 氮 氧 氟 氖
钠 镁 铝 硅 磷 硫 氯 氩 钾 钙

在青（氢）海（氦）里（锂），飘着一个用皮（铍）做的帐篷（硼），有人在里面用碳（碳）煮鸡蛋（氮）卖钱，来养（氧）他的父（氟）亲和奶奶（氖）。那（钠）边一个美（镁）女（铝）从桂（硅）林（磷）而来，留（硫）着绿（氯）色头发，牙（氩）齿上还夹（钾）着钙（钙）片。

4. 以生物学科为例

人教版《生物七年级上册》认识生物

生物的基本特征：

（1）生物的生命需要营养。

（2）生物能进行呼吸。

（3）生物能排出身体内产生的废物。

（4）生物能对外界刺激做出反应。

（5）生物能生长和繁殖。

（6）生物都由细胞构成（病毒除外）。

（7）生物都有遗传和变异现象。

首先提取每一条的关键词将其转为图像。（注：本文手绘图片由纪然提供。）

营养　　　　　　　呼吸　　　　　　　排废气

对外界刺激有反应　　　　　　生长繁殖

由细胞构成　　　　　　病毒除外

遗传　　　　　　　　　　　变异

　　这7条需要记住的内容非常容易转成图像，然后可以使用故事法进行串联，也可以使用7个地点桩，每个桩放一个物品。

📝 5. 以语文学科为例

　　在学习语文的过程中，背诵经典文章是其中非常重要的内容，相较于其他学科知识点，文章的字数较多，内容较复杂，因此也更具有记忆难度。最好的方法就是使用记忆宫殿，按照顺序放至地点桩。下面，我们用朱自清的散文《春》中的片段做范例。

　　　　桃树、杏树、梨树，你不让我，我不让你，都开满了花赶趟儿。红的像火，粉的像霞，白的像雪。花里带着甜味，闭了眼，树上仿佛已经满是桃儿、杏儿、梨儿。花下成千成百的蜜蜂嗡嗡地闹着，大小的蝴蝶飞来飞去。野花遍地是：杂样儿，有名字的，没名字的，散在草丛里像眼睛，像星星，还眨呀眨的。

　　首先，我们先将这段文字进行断句，分成以下5个分句。
　　（1）桃树、杏树、梨树，你不让我，我不让你，都开满了花赶趟儿。

（2）红的像火，粉的像霞，白的像雪。

（3）花里带着甜味，闭了眼，树上仿佛已经满是桃儿、杏儿、梨儿。

（4）花下成千成百的蜜蜂嗡嗡地闹着，大小的蝴蝶飞来飞去。

（5）野花遍地是：杂样儿，有名字的，没名字的，散在草丛里像眼睛，像星星，还眨呀眨的。

然后，我们用以下图片中的5个地点来记忆，地点顺序为：奖杯、沙发、书架、桌子、椅子。

接下来，将这5个分句按顺序放在5个地点桩上。

（1）第1个地点：

奖杯旁边种了三棵树：桃树、杏树、梨树。为了记住它们的品种，这三棵树上一定要结满果实。它们在比赛开花，这时大脑要呈现出三棵树你追我赶地开花的画面，很快就都开满了花，每棵树的树干都很烫（赶趟儿）。

（2）第2个地点：

沙发上有一团红色的火，在烤着一只粉色的虾（粉霞），这时下起了白雪。

（3）第3个地点：

你尝了一下在书架上的花，发现是甜的，闭了眼睛，在脑海中出现了桃儿、杏儿、梨儿结满果实的丰收景象。

（4）第4个地点：

桌子上有很多花，你走近后看到花的下面成千上万的蜜蜂发出嗡嗡的声音，还有大小不同的蝴蝶飞来飞去。

（5）第5个地点：

椅子上都是各种野花，种类很多，有些花上贴着标签、写着花名，再近一点看，在这堆花的旁边发现有把伞（散）在草丛里，上面的图案像眼睛，又像星星，还眨呀眨的。

画面都确定好了地点，然后再对照原文，跟着地点桩的图像，复述一遍，检查是否有遗漏或者不准确的地方。

记忆术的训练过程是从浅到深、由简入繁的。每个记忆高手都是从小的知识点开始练起，直至能轻松背诵整本书。任何一项厉害的技能，都是从持续的训练中得来的。正如东尼·博赞先生在《超级记忆》这本书中所写："这种记忆过程中所运用的技巧也会让你同时运用左、右半脑，让整个大脑进行一次彻底的锻炼。持续锻炼并测试你的记忆肌肉，你会得到意外的惊喜——你会发现自己的记忆力无比强大，自己的思维变得更有创意、更加敏捷。"

☀ 2.6.2 用于国学

我们的目标是对一本书倒背如流，掌握国学记忆的核心秘诀。

要知道"工欲善其事，必先利其器""磨刀不误砍柴工"，掌握了快速记忆的方法，记忆任何东西都会事半功倍！

如果可以学会将一本书倒背如流的方法，那么掌握国学记忆的核心秘诀以后，再难的文言文我们都可以轻松记住。

为了方便大家学习，我们将以国学里面最难记忆的书籍之一

《道德经》为例，如果《道德经》我们都能记住，那么还有什么可以难倒我们呢？

📚 1. 记忆分享：如何记忆一整本《道德经》

为传播记忆术，根据需要，记忆大师会在一些公开场合，展示将《道德经》倒背如流的能力。比如，在 2017 年第 26 届世界记忆锦标赛中国总决赛的开幕式上，主持人邀请 3 位嘉宾提问，让嘉宾将书翻到任意一页，报出页码以后，记忆大师需要将章节名说出，然后背诵全文；或者是随便读出一句原文，记忆大师需要将章节和页码说出，并背诵全文；第三种就是嘉宾报出章节名，记忆大师将页码说出并背诵全文。不管是哪一种展示方式，都要求熟记《道德经》的章节名、页码以及全文。

如何才能做到呢？在记忆《道德经》之前，我们首先需要了解《道德经》的章节及页码。它一共有 81 章，根据书籍版本的不同，页码会稍有不同，字数大约为 5000 个。这里我们以湖北武汉美术出版社出版的国学书院典藏版为例，全书共 152 页。

在了解这些以后，我们还需要注意：

（1）熟记 100 个数字编码。

（2）打造记忆宫殿，《道德经》一共有 81 章，平均每个章节的文字有 10 句左右，所以至少需要准备 80 组地点，每组 10 个地点。（有的章节，比如第 4 章、第 6 章，只有 3 句左右，所以无须准备地点。）

（3）由于《道德经》的内容比较抽象，所以需要提前练习抽象词语转形象词语。将毫无意义的一些文字，在脑海里面变成生动有趣的图像或故事。例如："道可道"，可以在脑海里转换成一条道路；或者是一个人在说话。

（4）联数练习，熟练应用锁链法，将章节与页码进行链接。比如《道德经》第 33 章，在 61 页，我们需要将 33 和 61 进行链接。33 的编码是闪闪的星星，61 是儿童，在我们的脑海里，就要想象闪闪的星星下方，有一群快乐的儿童。当有了这样的画面以后，不管别人问你 61 页是多少章，或者第 33 章在多少页，你都可以回答出来。如何将章节、页码与原文链接，我们将在后续文中给出答案。

🖐 2. 记忆分享：地点定位法记忆《道德经》第 3 章第 5 页

原文：

（1）不尚贤，使民不争。

（2）不贵难得之货，使民不为盗。

（3）不见可欲，使民心不乱。

（4）是以圣人之治。

（5）虚其心，实其腹。

（6）弱其志，强其骨。

（7）常使民无知无欲。

（8）使夫知者不敢为也。

（9）为无为，则无不治。

译文：

（1）不推崇有才德的人，从而使百姓不互相争夺。

（2）不珍爱难得的财物，从而使百姓不去偷窃。

（3）不显耀足以引起贪欲的事物，从而使民心不被迷乱。

（4）圣人的治理原则是什么呢？

（5）排空百姓的心机，填饱百姓的肚腹。

（6）削弱百姓的欲求，增强百姓的筋骨体魄。

（7）经常使老百姓没有智巧，没有欲望。

（8）致使那些有才智的人也不敢恣意妄为。

（9）圣人按照"无为"的原则去做，办事顺应自然，那么，天下就不会不太平了。

注：

　　在记忆国学经典的时候，需要先通篇朗读，了解大意以后再运用地点定位法进行记忆。

　　《道德经》第3章全文共计9句，一个地点一句，所以我们首先需要准备9个地点，以学校教室为例，地点如下：

　　门—讲台—黑板—值日牌—窗户—窗帘—课桌—凳子—垃圾桶

　　记忆之前，一定要牢记以上9个地点，现在请闭目回忆一遍地点的顺序，门……

　　准备好地点以后，开始记忆，一句话一个地点，从第1句，第1个地点开始：

　　（1）不尚贤，使民不争。

　　地点：门

　　现在需要将"不尚贤，使民不争"与门进行联想记忆。第1句的意思是：不推崇有才德的人，从而使百姓不互相争夺。我们可以想象一个画面，在门那里，我们不会告诉大家，第一个进来的人，可以做班长。所以，每个同学都会慢悠悠地走进来，而不是相互争抢着进门。闭上眼睛，如果脑海里有这个画面，那么恭喜你，"不尚贤，使民不争"就已经记住了。

（2）不贵难得之货，使民不为盗。

地点：讲台

第2句的意思是不珍爱难得的财物，从而使百姓不去偷窃。就好像黄金，如果它的价值与一块普通的石头一样，那么就算丢在大街上也没有人去捡。我们可以想象一个画面，在讲台那里，有一块黄金，但是它贬值了，不是难得的货物了，每个人见到它，都不想占有它，更不要说偷盗了，所以民众不会变成强盗、小偷。现在请闭上眼睛，如果脑海中有这样的画面，我们就记住"不贵难得之货，使民不为盗"了。

（3）不见可欲，使民心不乱。

地点：黑板

第3句的意思是不显露可以引起贪欲的事物，使民心不被迷乱。黑板前方，有一位年长的教师，正在写一些关于正能量的文字，同时告诉同学们：控制自己的欲望，不要看不该看的东西，这样我们就会静心沉气，民心不乱。

记住上面的3句话了吗？我们一起来复习一遍：

（1）不尚贤，使民不争。（门）

（2）不贵难得之货，使民不为盗。（讲台）

（3）不见可欲，使民心不乱。（黑板）

如果记住了上面的3句话，接下来就是第4句了。

（4）是以圣人之治。

地点：值日牌

第4句的意思是圣人的治理原则是什么呢？《道德经》是春秋时期的老子所写，老子是道家学派的创始人，是一位圣人。所以我们可以想象，今天是圣人值日，只见老子双手一摊，说了一句这样的话：所以啊，圣人治理国家的方式是这样的……

（5）虚其心，实其腹。

地点：窗户

第5句的意思是排空百姓的心机，填饱百姓的肚腹。就是说心里不要有太多的欲望，让心变得无欲无求，清净内心，然后填饱肚子。我们联想的画面是这样的：有一位普通百姓，在窗户下方打坐，脸上没有一丝表情，清静无为，但是肚子鼓鼓的，实其腹。

（6）弱其志，强其骨。

地点：窗帘

第6句的意思是弱化百姓的竞争意识，增强百姓的筋骨体魄。我们可以想象，一位普通百姓把窗帘拉下来盖在自己的身上，说："我的目标没有这么远大，只想要这个窗帘。"当他把窗帘盖在身上的时候，显露出了自己强壮的骨骼。

以上3句话记住了吗？我们一起来复习一遍：

（4）是以圣人之治。（值日牌）

（5）虚其心，实其腹。（窗户）

（6）弱其志，强其骨。（窗帘）

下面开始记第7句。

（7）常使民无知无欲。

地点：课桌

第7句的意思是通常使老百姓没有智巧，没有欲望，只想过安定的生活，这样百姓就不会造反作乱。课桌上方，常常趴着一个无知无欲的人，睡眼蒙眬。这个比较简单，一下就记住了。

（8）使夫知者不敢为也。

地点：凳子

第8句的意思是致使那些有才智的人也不敢恣意妄为。桌子上趴着的人无知无欲，那么坐在凳子上的这个人虽然很聪明，有智谋，但是由于没有帮手，所以他也不敢轻举妄动。

（9）为无为，则无不治。

地点：垃圾桶

第9句的意思是圣人按照"无为"的原则去做，办事顺应自然，那么，天下就不会不太平了。垃圾桶旁边站了一个圣人，他提着垃圾桶说："这就是无为而治，如果按照'无为'的原则做事，那么，天下就没有什么不能治理的了。"

我们在对国学典著进行记忆的时候，一定要敬畏知识，敬畏古圣先贤，所以在脑海联想记忆的时候，要想着这就是在和圣人对话，情景演练，这样记得又快，自己还受益良多。

为了检验我们是否记住了《道德经》第3章，现在请对着以下地点，背诵原文。在背诵的时候，先想画面，再背原文，在这个过程中，就算没有想起来也没有关系，再复习一遍就好了。

门—讲台—黑板—值日牌—窗户—窗帘—课桌—凳子—垃圾桶

经过刚才的检验，恭喜你，你已经记住了《道德经》第3章。

虽然我们已经把第3章的内容记住了，但是还没有把章节、页码和地点联结起来。所以，接下来要做的，就是联结了。

第3章，转换成数字为03，03对应的数字编码是耳朵；第5页，05对应的数字编码是手套；地点是学校教室，我们用教室的第一个地点——门。

联结： 在进行联结的时候，要注意顺序。一定是章节在前，页码在后，不然会混乱，最后是地点。我们可以想象，自己的耳朵非常痛，于是戴上手套边走边揉，不小心撞到了教室的门，这时候，脑袋一痛，就想到了"不尚贤，使民不争"了。

联结章节、页码和地点的时候，只需要和第一个地点联结，后面的就想着地点背诵原文，这个方法特别好用。

千里之行，始于足下。接下来，我们再记一章。刚才第 3 章比较长，用的是地点法。现在我们用数字编码和故事法，记一篇比较短的，比如《道德经》的第 46 章第 85 页。

📝 3. 记忆分享：熟记《道德经》第 46 章第 85 页

原文：

天下有道，却走马以粪；天下无道，戎马生于郊。

祸莫大于不知足；咎莫大于欲得。故知足之足，常足矣。

译文：

天下有道时，战马可以用来耕种施肥；

天下无道时，连怀胎的母马也要被送上战场。

最大的祸害是不知足；最大的罪过莫过于贪得无厌。

所以，要懂得知足常乐的道理，那才是最长久的富足。

第 46 章相对较短，只有 4 句话，所以我们不用地点法，用数字编码加故事法就可以将本章记住了。

编码： 第 46 章对应的数字是 46，数字编码为饲料；85 页对应的数字编码是宝物，可以发光的宝物。

联结： 这一袋饲料是宝物，但是我们却用来喂战马。由于天下太平，无须战马出征，所以就让战马耕田去了。突然战事纷起，要打仗了，怀孕的战马也要奔赴战场，并在战场产下了小马。其实，所有的祸事，都源于不知足，想要更多的城池、土地；所有的罪恶都是想要的更多。所以圣人才告诉我们，要知足常乐。（运用想象力，画面就不具体描述了。）

简单地联结，将章节、页码和文章内容串在一起。

这就是《道德经》的记忆方法，每日背 3 章，一个月即可将一整本书背诵完毕。在这里需要注意的是，在记忆新的章节时，一定要复习前面章节的内容。当你运用以上方法，能够把《道德经》倒背如流以后，再运用到其他的国学经典的学习记忆中，那么背诵诗词文章就变得非常简单了。

想要将一本书倒背如流，只要掌握正确的记忆方法就可以做到。每天进步一点点，当掌握古文记忆的规律以后，你会爱上国学记忆背诵，你将成为一名称职的中华优秀传统文化传播者。

☀ 2.6.3 用于日常生活

📖 1. 快速记忆手机号码

11 位数的手机号码，你可以看一遍就记住吗？假如因为工作需要，需要一下子记住 10 个人的姓名及电话号码，你会怎么做呢？是张大嘴巴，大声念出 11 个数字，并重复到记住为止，还是……这个时候，如果运用记忆术，就变得轻而易举了。接下来，我们一起来学习，如何快速记忆手机号码，准备好了吗？

① 张三　13624501849

② 李四　15968729850

③ 赵明　18963478475

④ 刘磊　13741726872

⑤ 王祥　15897421543

手机号码由 11 位无规律的数字组合而成，并且，都是以 1 开头。我们的数字编码都是由两位数字组成，为了方便记忆，手机号码的第一位数 "1"，可忽略不计，这样手机号码就变成了 10 位数，

5 个数字编码。

编码转换

首先记忆张三的手机号码：13624501849，去掉前面的第一位数 1，手机号码变成了 36-24-50-18-49。

接下来我们需要将上面 10 位数字转换成 5 个数字编码，对应如下：

36—山鹿　24—闹钟　50—武林高手　18—腰包　49—石球

将数字转换成编码以后，就可以记忆了。张三这个名字在我们脑海里是没有具体图像的，我们要做的就是把"张三"这两个字也变成有图像的。比如，张山，山是有具体图像的。

记忆

记忆手机号码非常简单，方法很多，建议选择最简单的故事法。

张三　1-36-24-50-18-49

张三抓住了一头山鹿，山鹿用鹿角顶响了闹钟，闹钟的声音惊醒了睡觉的武林高手，他从自己的腰包里，掏出来一个石球。

你记住了吗？下面的 4 个手机号码，也请用故事法快速记住。

练习 2-11

① 李四　15968729850

② 赵明　18963478475

③ 刘磊　13741726872

④ 王祥　15897421543

2. 快速记忆购物清单

你遇到过这样的状况吗？去超市买东西，突然想不起要买什么，或者回到家，才发现亟须的物品却忘记买了……如何避免这样的事情发生？或许现在的你，可以尝试一下用聪明的大脑快速记住这张购物清单。

购物清单如下：

① 洗发水　② 毛巾　③ 牙膏　　④ 鸡精　　⑤ 巧克力
⑥ 大米　　⑦ 拖把　⑧ 收纳箱　⑨ 毛绒玩具　⑩ 抽纸

如果不允许用纸笔，只能记在脑子里，你会怎么做？对于已经学习了一些记忆术的你来说，当然会优先考虑选择身体定位法，既简单又方便。

在前文我们用身体定位法记了十二星座，还记得吗？现在，请闭上双眼，在脑海里回忆一遍。你是否会有疑惑，身体定位法记了十二星座，还能记购物清单吗？当然没问题，除了记购物清单，还可以记十大名著、文学常识等所有你想记的。

身体部位顺序

① 头顶　　② 眼睛　③ 耳朵　　④ 鼻子　⑤ 嘴巴
⑥ 脖子　　⑦ 肩膀　⑧ 手肘　　⑨ 手掌　⑩ 腰

购物清单里有 10 个物品，所以需要 10 个身体部位。记忆方法也非常简单，我们可以把 10 个身体部位想象成 10 个钩子，接下来要做的，就是把 10 个物品按顺序挂到对应的身体部位上即可。

记忆

第 1 个身体部位是头顶，需要记住的第 1 个物品是洗发水。现在请伸出你的右手，摸摸头顶，并发挥你的想象力：头发太长了，很容易出汗，你感觉头顶湿漉漉的，一看右手手掌，全部是洗发水的泡沫。

第 2 个身体部位是眼睛，需要记住的第 2 个物品是毛巾。发挥你的想象力：当眼睛非常疲劳或者不舒服的时候，我们需要怎么办，用水洗，然后用毛巾擦干眼睛。

怎么样，通过这样的方式，很轻易就将两个物品记住了，接下来，你需要用同样的方法，把剩下 8 个全部记住。

① 头顶——洗发水

② 眼睛——毛巾

③ 耳朵——牙膏

④ 鼻子——鸡精

⑤ 嘴巴——巧克力

⑥ 脖子——大米

⑦ 肩膀——拖把

⑧ 手肘——收纳箱

⑨ 手掌——毛绒玩具

⑩ 腰——抽纸

通过上面的记忆练习，你记住购物清单了吗？是否对身体定位法的运用更加熟练了呢？

记购物清单，除了可以用身体定位法以外，还可以用地点定位法、数字编码法等。记忆方式与身体定位法一样，把地点或者数字编码想象成一个钩子，然后把我们需要记忆的物品和信息一个一个地挂上去就可以了。

☀ 2.6.4 用于竞技

世界记忆锦标赛传统十大项目，其中七项是数字类，而数字类的七个项目中，又以快速数字为基础。这里，就以如何将记忆法运用于快速数字训练步骤为例展开详述，其余项目的详细训练计划请参考第四章——记忆密码。

📖 1. 记忆准备

（1）数字编码。快速数字的规则是在 5 分钟内记住尽量多的数字，因此，必须熟记 01～100 这 100 个数字编码，一秒反应出一个编码为合格。同时，牢记 100 个数字编码的主动动作和被动动作。（例如，10 的数字编码为棒球，主动动作为击打，被动动作为棒球棍被打断。）

（2）记忆宫殿（地点桩）。提前打造自己的记忆宫殿，也就是地点桩。记忆宫殿是一个暗喻，它可以是自己房间的家具排列顺序，也可以是上班的路线等。

记忆宫殿一般为 10 个一小组、30 个一大组，并根据实际情况为各组地点命名。（例如，在自己家找 30 个地点：客厅 10 个地点，卧室 10 个地点，洗手间 10 个地点。客厅的 10 个地点为一小组，自己家的客厅、卧室、洗手间合起来为一大组。自己家是大组的名字。）

如果你想成为一名世界记忆大师，请准备大约 50 组共 1500 个地点。（地点边练边找，前期大约 10 组 300 个地点即可，随着成绩的进步可以慢慢累积更多地点。）

📖 2. 正式训练

（1）读数练习（编码反应）。快速数字的试卷，一页试卷有 25 行，每行 40 个数字，合计 1000 个数字。

两个数字为一个数字编码，每行 40 个数字 20 个编码，看着数字反应编码（如 10= 棒球），10 秒内反应 40 个数字为合格，1000

个数字的反应时间为 6～10 分钟。

（2）联数练习（联结训练）。两个数字编码的联结训练，4 个数字联结，可以编一个小故事（例如，看到 1028 四个数字，脑海中闪现出拿着棒球打恶霸、恶霸求饶的画面）。快速数字的试卷，每行 40 个数字，4 个一组共 10 组，因此，需在脑海中编 10 个小故事。15 秒内联结完毕为合格。1000 个数字的联结时间为 8～12 分钟。

（3）40 个数字一遍过记忆练习。快速数字项目的记忆时间为 5 分钟，但是我们在训练数字记忆的时候，先不以 5 分钟为准，而是以每行 40 个数字为单位进行训练。

提前准备好 1 小组 10 个地点，记忆之前先在脑海中默想一遍地点顺序，清空杂念后启动计时器开始记忆，20 秒内记住 40 个数字为合格（10 个地点记住 40 个数字，每个地点只允许记一遍；如第一个地点为门，需要记忆的数字是 1028，记忆的画面为棒球打在恶霸的头上，恶霸倒下去的一瞬间砸坏了门……）。

根据自己的训练进度和时间调节训练次数，每天基本训练量以 10 次为基础，上不封顶。待成绩达到 20 秒记住 40 个数字，并且 10 次对 8 次以上，可练习 80 个数字一遍过。接下来，可继续练习 120 个数字一遍过，甚至 240 个数字一遍过，根据自己的具体情况而定。

（4）5 分钟快速数字自测。每三天进行一次或两次快速数字自测，在记忆过程中以 5 分钟为标准，尽量记忆多的数字（具体情况以第五章的记忆大师分享为准）。

要想成为世界记忆大师，必须训练到 5 分钟记住 300 个数字，才有可能在 1 小时的马拉松数字项目中，记忆 1400 个以上数字。

2.7 运用思维导图记忆古诗词

除了前文提到的超级记忆方法，我们再介绍一种运用思维导图记忆古诗词的方法。用思维导图记忆的好处在于不仅可以运用形象思维将内容记住，同时也能将古诗词的内在逻辑清楚地表达出来。在这里为大家总结运用思维导图记忆古诗词的四大步骤。

（1）理解全文：全面感知古诗词内容，了解写作背景、诗词意境、中心思想等，确立中心图。

（2）划分层次：划分内容层次并确立主干，每个大纲主干用关键词概括。

（3）完善内容分支：提炼关键词放在内容分支上，一线一词，关键词一般用"名词或动词"。

（4）添加图像：在重点、难点、易忘的地方添加图像，图像有助于记忆，如果关键词为具象名词，可以直接出图；若关键词为抽象名词，需运用一定的方法将抽象词转化为图像，如谐音法、增减字法、望文生义法等。

下面，让我们通过几首古诗来学习一下这个方法。

秋词（其一）

唐·刘禹锡

自古逢秋悲寂寥，

我言秋日胜春朝。

晴空一鹤排云上，

便引诗情到碧霄。

自古以来，文人墨客每逢秋天都悲叹秋天的萧瑟、凄凉，我却认为秋天要胜过春天。秋日天高气爽，晴空万里，一只仙鹤直冲云霄推开层云，也激发我的诗兴飞向万里晴空。

思维导图解析

在这首古诗中，诗人对秋天和秋色的感受与众不同，一反过去文人悲秋的传统，赞颂了秋天的美好，并借助黄鹤直冲云霄的场景，表现了作者奋发进取的豪情和豁达乐观的情怀。

根据诗中所描写的内容，可以确立与秋色相关的中心图，见下文。在图中，诗人倚卧在石头上观赏秋景，神态惬意，体现本首诗所表达的思想。秋景则由落叶、云霄、飞鹤等组成，与诗中内容相呼应。

在内容分支方面，可分为四个部分：作者简介、创作背景、本首诗的内容以及对本首诗的赏析。

第一部分是作者的简介：该部分包含作者姓名、字、所属年代、性格特点以及他的成就五个方面。

第二部分是写作背景：在大纲主干的配图上，"背景"画了天安门的图像，因为"背景"是抽象名词，通过谐音的方法先转化为"北京"，再用"天安门"的图像代替"北京"。这一个内容分支通过当时社会背景以及诗人的经历来呈现。

第三部分是本首诗的内容：诗歌内容主要分为秋景与诗情两个方面，在对秋景的感受方面，又分为古人与诗人不同的感受，"悲"与"胜"配上不同的表情图；诗情方面主要通过飞鹤冲破云层阻隔的气势表达诗人乐观向上的精神。

第四部分对诗歌内容的赏析：一是全诗的特点——气势雄浑、意境壮丽；二是诗人所表达的高扬向上的精神以及开阔的胸襟。

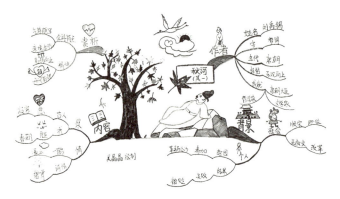

《秋词》（其一）赏析思维导图

次北固山下
唐·王湾

客路青山外，行舟绿水前。
潮平两岸阔，风正一帆悬。
海日生残夜，江春入旧年。
乡书何处达？归雁洛阳边。

参考译文

旅途在郁郁葱葱的青山外，船航行在碧绿的江水上。潮水涨满时，两岸与江水齐平，江面变得开阔，顺风行船使得帆儿高高挂起。夜色还没褪尽，旭日已在江上冉冉升起，还在旧年时分，已有了江南春天的气息。写好的家书会送到什么地方呢？希望北归的大雁捎到洛阳去。

思维导图解析

这首诗写于冬末春初，诗人泊舟北固山下，触景生情，遂起乡愁。这幅思维导图的中心图以描绘江中景色为主，诗人独自一人乘船航行在碧波之上，两岸的山显得江面开阔，有旭日东升，也有远处的归雁，整体与文章内容呼应。

大纲主干通过首联、颔联、颈联、尾联进行划分，在原文理解的基础上，内容分支全部用图像的方式呈现，以期做到看着思维导图就能还原诗句的内容。首联中用"路牌"代表"道路"；颔联用"山坡、树木、江水"体现开阔的江面，用了"风的符号"代表顺风航行。颈联有初升的太阳，"太阳"上配着可爱的表情，有"初升"之意，江水上的绿色树木挂满了灯笼，表示"江春""旧年"。尾联的"信封"表示"乡书"，"？"（问号）表示"何处"，"箭头"表示寄出，"洛阳"通过谐音转化为"骆（驼）和羊"。

《次北固山下》赏析思维导图

总体而言，运用思维导图记忆古诗词可以根据我们的目标灵活呈现，如果是绘制知识延展图，我们可以画出作者简介、写作背景、拓展知识、联想到的知识等内容；如果只是为了更好地记忆和理解原文内容，可以仅呈现古诗词内容，不需要拓展，当然，诗词内容的逻辑要清晰。以上两幅示例图只是抛砖引玉，思维导图还有很多呈现的方式，在思维导图的内在逻辑与技法指导下，大家可以继续拓展不同的类型。

第三章

记忆竞技

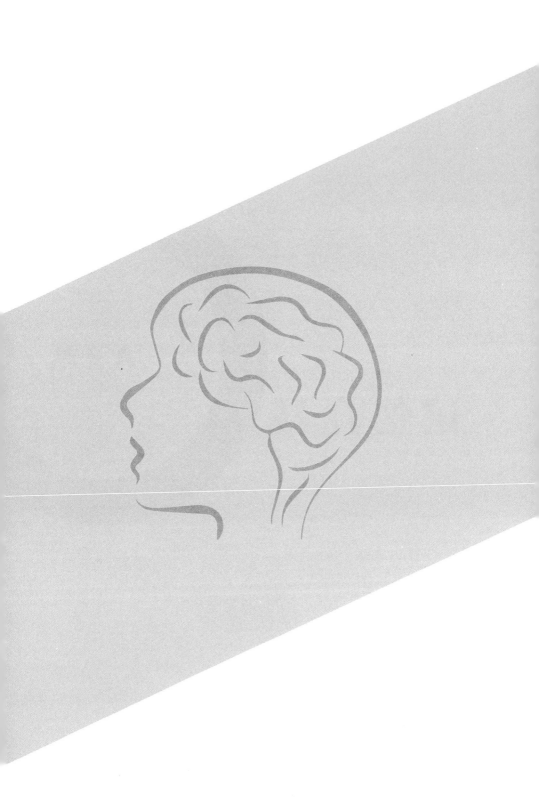

3.1 风靡全球的世界记忆锦标赛

世界记忆锦标赛是由"世界记忆之父""思维导图发明者"东尼·博赞教授与英国 OBE 勋章获得者雷蒙德·基恩爵士于 1991 年联合发起，由世界记忆运动理事会授权的全球高级别记忆竞技赛事，到 2023 年已经举办了 32 届，被誉为记忆运动的"奥林匹克"。

大赛已在中国、英国、美国、澳大利亚、南非、巴林、德国、马来西亚、墨西哥和新加坡等多个国家举办。经过多年的赛事组织工作，世界记忆运动理事会已逐渐发展出十大比赛项目并运用于世界记忆锦标赛，成为公认的记忆力评分黄金准则。

30 多年以来，大赛选手的成绩不断刷新人类记忆力的最高水平。大赛新的世界纪录更是可直接载入"吉尼斯世界纪录"而无须审核。

根据世界记忆运动理事会 2018 年最新制订的比赛规则，被认可的记忆锦标赛赛制主要有区域选拔赛（Regional）、国家赛（National）、国际赛（International）、世界赛（World）四类。

项目 ＼ 组别	区域选拔赛 (Regional)	国家赛 (National)	国际赛 (International)	世界赛 (World)
快速数字	5 分钟	5 分钟	5 分钟	5 分钟
马拉松数字	无	15 分钟	30 分钟	60 分钟
快速扑克牌	5 分钟	5 分钟	5 分钟	5 分钟
马拉松扑克牌	无	10 分钟	30 分钟	60 分钟
二进制数字	5 分钟	5 分钟	30 分钟	30 分钟
虚拟事件和日期	5 分钟	5 分钟	5 分钟	5 分钟

（续）

项目 \ 组别	区域选拔赛 (Regional)	国家赛 (National)	国际赛 (International)	世界赛 (World)
听记数字	无	100 秒和 300 秒	100 秒、300 秒 和 550 秒	200 秒、300 秒和 550 秒
随机词语	5 分钟	5 分钟	15 分钟	15 分钟
人名头像	5 分钟	5 分钟	15 分钟	15 分钟
抽象图形	15 分钟	15 分钟	15 分钟	15 分钟

大赛以十大项目为标准，记忆高手们在快速数字、马拉松数字、快速扑克牌、马拉松扑克牌、二进制数字、虚拟事件和日期、听记数字、随机词语、人名头像、抽象图形十个高强度项目中进行激烈比拼，综合考察选手的记忆力、注意力和想象力等。赛事涵盖儿童组、少年组、成年组、乐龄组（即老年组）共四个参赛组别，四个组别的年龄划分如下：

儿童组：年龄在 12 岁及以下；

少年组：年龄在 13～17 岁；

成年组：年龄在 18～59 岁；

乐龄组：年龄在 60 岁及以上。

在中国，江苏卫视连续四季的《最强大脑》节目邀请的国内外选手，80% 以上都来自参加过世界记忆锦标赛的优秀选手。你或许曾经在世界记忆锦标赛的现场见到他们，他们中的绝大多数人都拥有"世界记忆大师"证书，有的甚至是多个项目的世界冠军、全球总冠军。

这也证明了，"最强大脑"可通过精湛的后天训练达成。

世界记忆运动理事会科学的训练体系能全方位提升记忆竞技选手的综合能力，包括观察力、专注力、意志力、联想力、创造力、想象力、记忆力、思维力，从而给选手的生活、学习、工作等方方面面带来益处。

3.2 十大竞赛项目简介

1. 快速数字

目标

尽量以最短时间记忆最多的随机数字（1、3、5、8、2、5等）（每行40位数字）并正确地回忆起来。国家和世界级别的赛事选手可有2次记忆机会。

项目	区域选拔赛	国家赛	世界赛
记忆时间	5分钟	5分钟	5分钟
回忆时间	15分钟	15分钟	15分钟
记忆次数	1次	2次	2次

记忆部分

（1）计算机产生的数字，以每行40位排列。

（2）数字的数量为现时世界纪录加20%。如果选手可以记忆更多位的数字，须在比赛前一个月向组委会提出书面申请。

回忆部分

（1）参赛选手应使用组委会提供的答卷。

（2）参赛选手必须将记忆完成的数字以每行40个写出来。

计分方法

（1）完全写满并正确的一行得40分。

（2）完全写满但有一个错处（或漏空）的一行得20分。

（3）完全写满但超过两个及以上错处（或漏空）的一行得0分。

（4）空白行数不会扣分。

（5）对于最后一行：如最后一行没有完成（例如，只写上29

个数字），且所有数字皆正确，其所得分数为该行作答数字的数目（于该例即 29 分）。

如最后一行没有完成，但有一个错处（或中间漏空），其所得分数为该行作答数字的数目的一半。

如有小数点则四舍五入。例如，作答了 29 个数字但有一错处，分数将除 2，即 29÷2 = 14.5，分数调整至 15 分。

如最后一行有 2 个及以上的错处（或中间漏空），则将以 0 分计。

该项目成绩如有相同的最高得分，则取另外一轮得分较高的一位。如另外一轮的得分皆相等，裁判将参考每位选手最佳轮次的额外行数（即作答了但得 0 分的行数）。每个正确作答的数字将获 1 分决定分，决定分较高者胜。

世界记忆锦标赛

快速数字·记忆卷（第一轮）

121505625167864015754915967234614943 2680   Row1

148750362251611722762202522502730017 3048   Row2

299342250278464057297009523681719482 3517   Row3

739049560389249329928879538720668471 4424   Row4

820921967240063927262146010383442768 7186   Row5

992236369515904786054030503983066855 8228   Row6

924878826408911150520529103781460296 5263   Row7

368359300921327572638103082324425401 8282   Row8

578646813520434174396678124021301880 1235   Row9

041509193746942511984084127234130674 8636   Row10

1 3 6 5 6 8 0 3 4 2 4 8 3 3 3 7 0 9 8 4 5 6 7 6 2 5 5 0 2 2 5 9 5 0 9 9 5 7 1 0   Row11

5 0 8 9 1 0 2 8 6 1 2 4 7 1 0 3 7 7 9 0 8 5 0 6 7 3 7 6 6 0 2 8 8 2 9 1 0 1 7 3   Row12

1 5 2 3 2 8 7 4 0 2 9 3 6 6 0 1 4 7 7 0 6 2 2 2 9 4 6 6 8 8 6 8 1 0 5 7 0 5 6 9   Row13

2 0 5 4 8 7 4 3 2 6 5 4 0 5 3 4 3 5 6 7 5 7 6 0 7 2 9 9 7 7 1 0 0 9 8 1 9 4 2 4   Row14

1 6 5 0 2 6 0 3 5 8 8 4 6 4 5 0 8 9 0 7 4 5 6 4 9 2 9 5 1 8 7 7 3 5 4 9 4 4 3 9   Row15

世界记忆锦标赛
快速数字·记忆卷（第二轮）

2 2 2 5 0 5 6 2 5 2 6 7 8 6 4 0 2 5 7 5 4 9 2 5 9 6 7 2 3 4 6 2 4 9 4 3 2 6 8 0   Row1

1 4 8 7 5 0 3 6 3 3 5 1 6 1 1 7 3 3 7 6 3 3 0 3 5 3 3 5 0 3 7 3 0 0 1 7 3 0 4 8   Row2

2 9 9 3 4 1 1 5 0 1 7 8 4 6 4 0 5 7 1 9 7 0 0 9 5 1 3 6 8 1 7 1 9 4 8 1 3 5 1 7   Row3

7 3 9 0 4 9 5 6 0 3 8 9 2 4 9 3 2 9 9 2 8 8 8 9 5 3 8 8 2 0 6 6 8 4 8 1 4 4 2 4   Row4

8 2 0 9 2 1 9 6 7 2 4 0 0 6 3 9 2 7 2 6 2 1 4 6 0 1 0 3 8 3 4 4 2 7 6 8 7 1 8 6   Row5

9 1 2 2 3 6 3 6 1 6 1 6 1 0 4 7 8 6 0 6 4 0 3 0 6 0 3 1 8 3 0 6 6 8 6 6 8 2 2 8   Row6

1 2 4 8 7 8 8 2 6 4 0 8 9 1 1 1 5 0 5 2 0 5 2 9 1 0 3 7 8 1 4 6 0 2 9 6 5 2 6 3   Row7

3 6 8 3 5 9 3 0 0 9 2 4 3 2 7 5 7 2 6 3 8 4 0 3 0 8 2 3 2 4 4 2 5 4 0 4 8 2 8 2   Row8

5 7 8 6 4 6 8 1 3 5 2 0 6 3 6 1 7 6 3 9 6 6 7 8 1 2 6 0 2 1 3 0 1 8 8 0 1 2 3 5   Row9

0 6 1 5 0 9 1 9 3 7 4 6 9 4 2 5 1 1 9 8 4 0 8 4 1 2 7 2 6 4 1 6 0 6 7 4 8 6 6 6   Row10

1 6 6 5 6 8 0 6 4 2 4 8 6 6 6 7 0 9 8 4 5 6 7 6 2 5 5 0 2 2 5 9 5 0 9 9 5 7 1 0   Row11

5 0 8 9 1 0 2 8 6 1 2 4 7 1 0 3 0 0 9 0 8 5 0 6 0 3 0 6 6 0 2 8 8 2 9 1 0 1 0 3   Row12

1 5 2 3 2 8 0 4 0 2 9 3 6 6 0 1 4 0 0 0 6 2 2 2 9 4 6 6 8 8 6 8 1 0 5 7 0 5 6 9   Row13

2 0 5 8 8 7 8 3 2 6 5 8 0 5 3 8 3 5 6 7 5 7 6 0 7 2 9 9 7 7 1 0 0 9 8 1 9 8 2 8   Row14

1 6 5 0 2 6 0 3 5 8 8 8 6 8 5 0 8 9 0 7 8 5 6 8 9 2 9 5 1 8 7 7 3 5 8 9 4 4 3 9   Row15

世界记忆锦标赛

快速数字·作答卷（第一轮）

编号：＿＿＿＿＿＿＿　　姓名：＿＿＿＿＿＿＿＿＿　　组别：＿＿＿＿＿＿＿

40
20
0
20
0
34

1	2	1	5	0	5	6	2	5	1	6	7	8	6	4	0	1	5	7	5	4	9	1	5	9	6	7	2	3	4	6	1	4	9	4	3	2	6	8	0	Row1
1	4	8	7	5	0	3	6	2	2	5	1	6	1	0	7	2	2	7	6	2	2	0	2	5	2	5	0	2	7	3	0	0	1	7	3	0	4	8		Row2
2	9	9	3	4	2	2	5	0	2	7	8	4	6	4	0	3	1	2	9	7	0	0	9	5	2	3	6	8	1	7	1	9	4	8	2	3	5	1	7	Row3
1	2	1	5	0	5	6	2	5	1	6	7	8	6	4	0	1	5	7	5	4	9	1	5	9	6	7	2	3	4	6	1	4	9	4	3	2	6	8	0	Row4
1	4	8	7	5	0	3	6	2	2	5	1	6	1		2	7	6	2	2	0	2	5	2	5	0	2	7	3	0	0	1	7	3	0	4	8				Row5
2	9	9	3	4	2	2	5	0	2	7	8	4	6	4	0	5	7	2	9	7	0	0	9	5	2	3	6	8	1	7	1	9	4							Row6

Row7
Row8
Row9
Row10
Row11
Row12
Row13
Row14
Row15

世界记忆锦标赛

快速数字·作答卷（第二轮）

编号：＿＿＿＿＿＿＿　　姓名：＿＿＿＿＿＿＿＿＿　　组别：＿＿＿＿＿＿＿

Row1
Row2
Row3
Row4
Row5
Row6
Row7
Row8
Row9
Row10
Row11
Row12
Row13
Row14
Row15

2. 马拉松数字

目标

记忆尽量多的随机数字（1、3、5、8、2、5 等，每行 40 位数字）并正确地回忆起来。

项目	区域选拔赛	国家赛	世界赛
记忆时间	无	15 分钟	60 分钟
回忆时间	无	30 分钟	120 分钟

记忆部分

（1）计算机随机产生的阿拉伯数字，以每页 25 行、每行 40 位排列。

（2）数字的数量为现世界纪录加 20%。如果选手可以记忆更多的数字，须在比赛一个月前向组委会提出书面申请。

回忆部分

（1）选手应使用组委会统一提供的完整清晰的答卷作答以方便计分。

（2）选手必须将记忆的数字每行 40 个写出来。

计分方法

（1）完全写满并正确的一行得 40 分。

（2）完全写满但有一个错处（或漏空）的一行得 20 分。

（3）完全写满但出现两个或以上错处（或漏空）的一行得 0 分。

（4）空白行数不扣分。

（5）最后一行：如最后的一行没有完成（例如，只写出 29 个数字），且所有数字皆正确，其所得分数为该行作答数字的数目（于该例即 29 分）。

（6）如最后一行没有完成，但有一个错处（或中间漏空），其所得分数为该行作答数字的数目的一半。如出现小数点则四舍五入。例如，作答了 29 个数字但有一错处，分数将除 2，即 29÷2=14.5，四舍五入，分数调高至 15 分。

（7）最后一行有两个或以上的错处（或中间漏空），则将以 0 分计。

（8）如出现相同分数，将比较选手已经记忆并且写出来却没有得分的扑克牌。计算其正确作答的数字，每个数字为 1 分，分数高者胜。

世界记忆锦标赛
马拉松数字·记忆卷

```
8265016261608640187547159674346849432783  Row1
4497503622516117227622025225027300173048  Row2
4993422502784640572970095236817194823517  Row3
7390495603892493299288795387206684714424  Row4
6209219672400639272621460103334427687186  Row5
0922363695159047860540305039830668558228  Row6
1248788264089111505205491037814602965263  Row7
0683593009213275726381030823244254018282  Row8
9786468135204341743966781240213018801235  Row9
0415091937469425119840841272341306748636  Row10
6365680342483337098456762550225950995710  Row11
5089102861247103779085067376602882910173  Row12
2523287402936601477062229466886810570569  Row13
2054874326540534356757607299771009819424  Row14
```

1 6 5 0 2 6 0 3 5 8 8 4 6 4 5 0 8 9 0 7 4 5 6 4 9 2 9 5 1 8 7 7 3 5 4 9 4 4 3 9 Row15

5 5 7 9 5 7 3 8 6 7 8 1 6 1 8 1 7 4 8 7 1 8 7 3 9 9 2 8 4 1 7 9 9 2 7 5 3 5 4 2 Row16

4 4 1 9 8 4 9 4 9 4 2 2 8 7 0 7 4 2 1 8 9 8 8 7 9 8 9 2 2 4 6 4 4 4 2 7 4 9 5 4 Row17

6 2 8 9 4 2 6 6 9 6 8 9 4 9 0 5 5 1 2 6 4 9 3 9 6 7 4 4 3 3 1 3 1 2 5 8 1 8 0 1 Row18

3 3 4 0 7 5 2 3 2 1 1 9 8 3 3 4 0 7 8 8 8 1 7 4 1 0 0 5 9 1 1 8 3 1 9 5 8 9 3 4 Row19

6 7 8 6 1 7 6 5 4 8 5 6 4 4 1 8 3 5 0 8 9 3 3 4 0 4 5 8 3 9 9 0 4 4 1 1 7 0 8 0 Row20

0 1 7 2 5 4 6 6 6 7 7 7 7 7 3 2 3 0 5 7 7 7 3 9 6 0 2 4 1 6 7 4 8 4 8 0 5 0 9 9 Row21

0 4 5 6 3 9 6 1 9 2 3 1 5 2 2 3 2 8 0 7 7 1 1 8 0 3 2 6 4 5 7 4 8 7 3 7 0 5 3 3 Row22

8 5 1 0 6 2 2 8 7 8 4 3 1 1 2 1 2 3 6 8 2 6 1 5 7 5 5 2 1 8 4 9 8 7 8 1 8 2 3 7 Row23

4 5 5 4 8 1 6 3 1 2 9 3 3 0 8 1 6 8 0 4 6 2 0 4 2 7 5 5 7 3 7 5 1 9 5 8 0 8 4 7 Row24

3 7 6 6 1 8 5 9 7 1 5 9 2 5 8 5 3 8 5 8 7 4 9 8 3 8 9 0 8 1 2 0 0 5 1 5 1 1 2 8 Row25

世界脑力锦标赛
随机数字·答卷

A1
A2
114

编号：_____　　　姓名：_____　　　组别：_____

40	1	2	1	5	0	5	6	2	5	1	6	7	8	6	4	0	1	5	7	5	4	9	1	5	9	6	7	2	3	4	6	1	4	9	4	3	2	6	8	0	Row1
20	1	4	8	7	5	0	3	6	2	2	5	⨉	1	6	1	0	7	2	2	7	6	2	2	0	2	5	2	2	5	0	2	7	3	0	0	1	7	3	0	4	8	Row2
0	2	9	9	3	4	2	2	5	0	2	7	8	4	6	4	0	3	1	2	9	⨉	0	0	9	5	2	3	6	8	1	7	1	9	4	8	2	3	5	1	7	Row3
20	1	2	1	5	0	5	6	2	5	1	6	7	8	6	4	0	1	5	5	4	9	1	5	9	6	7	2	3	4	6	1	4	9	4	3	2	6	8	0		Row4
0	1	4	8	7	5	0	3	6	2	2	5	1	6	1	1		2	7	6	2	2	0	2	5	2	2	5	0	2	7	3	0	0	1	7	3	0	4	8		Row5
34	2	9	9	3	4	2	2	5	0	2	7	8	4	6	4	0	5	7	2	9	7	0	0	9	5	2	3	6	8	1	7	1	9	4							Row6
																																									Row7
																																									Row8
																																									Row9
																																									Row10
																																									Row11
																																									Row12
																																									Row13

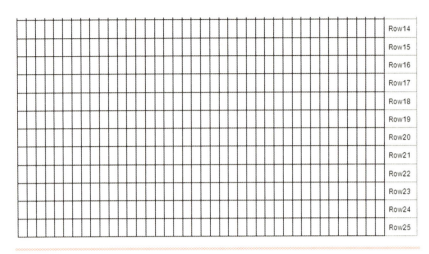

	Row14
	Row15
	Row16
	Row17
	Row18
	Row19
	Row20
	Row21
	Row22
	Row23
	Row24
	Row25

3. 快速扑克牌

目标

尽量以最短的时间记忆一副 52 张的扑克牌。

项目	区域选拔赛	国家赛	世界赛
记忆时间	≤ 5 分钟	≤ 5 分钟	≤ 5 分钟
回忆时间	5 分钟	5 分钟	5 分钟

记忆部分

（1）选手使用自备的 4 副扑克牌（组委会另有指定的除外），选手必须保证每副牌为 52 张，除去大小王。用于记忆的两副要提前打乱，另外两副用于回忆摆牌的可以按照选手喜欢的顺序排列好。

（2）扑克牌必须用盒子装好，贴上标签，并用橡皮圈绑好。每张标签上都应包括选手姓名，第几轮，是记忆用还是回忆用的扑克牌。比如某某某，第 1 轮，记忆；某某某，第 1 轮，回忆等。

（3）4 副扑克牌要用结实的袋子装好，在赛场报到处交给裁判保管。袋子上也要贴上标签，写上姓名、电话。

（4）对于能在 5 分钟内记下一副完整扑克牌的选手，必须自备组委会认可品牌的魔方计时器。同时，组委会会安排一个裁判员检查计时器，监督选手整个快速扑克牌项目的记忆和回忆过程。

注意：选手需要在开始记忆前和监督裁判员确定以下几点：

① 选手必须告知裁判从哪一张扑克牌开始记忆，即从面到底还是从底到面。一旦确定，不可在对牌的时候改变。裁判将根据之前约定的顺序对牌算分。

② 选手必须事先告知裁判一个适当的信号以代表其完成记忆。例如，将手中记忆的扑克牌扣在桌面上，即代表记忆停止。当然，在选手都有一台魔方计时器的情况下，记忆何时结束都由选手自己控制。裁判在旁边起到监督和协助计时的作用。

（5）选手可于 5 分钟内的任何时候开始记忆。例如，当主裁判喊"开始"后，选手可以不用马上开始记忆。但是，当主裁判喊"停止"时，所有选手必须停止，并双手快速，但要轻盈地关闭魔方计时器。

（6）扑克牌可以多次记忆，每次可记忆多张牌。但要注意，当选手记忆结束，并已经关闭了自己的魔方计时器，然后选手又重新拿起扑克牌记忆，那么，他的记忆时间统一为 5 分钟。

（7）扑克牌必须在裁判视野范围内，即手必须高于桌子，不能放在大腿上记忆。

（8）在主裁判喊"开始"前的 10 秒钟内，选手才可以抓住扑克牌并准备好计时动作。

（9）选手如果在记忆的过程中擅自调整裁判之前洗好的扑克牌的顺序，属于违规行为，该轮成绩做 0 分处理。

（10）裁判未宣布 5 分钟的记忆时间结束，选手绝不能开始排列扑克牌。

回忆部分

（1）记忆完成后，裁判把选手回忆的扑克牌放在选手面前。只有当主裁判喊"开始"后，选手才可以回忆摆牌。

（2）选手需将第二副扑克牌排列成已记忆的扑克牌的顺序。

（3）当 5 分钟回忆时间到，选手必须停止摆牌。

计分方法

（1）裁判会按照和选手在记忆之前约定的顺序，从选手记忆的第一张开始对牌。两副扑克牌逐张比较，当出现不一样，即错误时，对牌停止。裁判在答题卡上记录选手正确的牌数。后面的扑克牌对多少张，错多少张都不计入成绩。

（2）在最短的时间内准确地记下 52 张扑克牌的选手为冠军。

（3）如果选手正确的扑克牌数少于 52 张，其记忆时间统一记录为 5 分钟，即 300 秒，而所得分数为 c ÷ 52 分，当中 c 是正确回忆的扑克牌数目。

（4）选手最终成绩为两轮中最佳成绩。

（5）如出现相同分数，另一轮得分较高者获胜。

注："史塔克"魔方计时器

"史塔克"魔方计时器是世界记忆锦标赛中指定使用的计时器。开启电源后，选手双手同时触摸感应区，红灯亮。当选手其中一只手，或者双手离开感应区时，绿灯闪烁，计时开始。

当选手再把双手同时触摸感应区时，计时停止。

组委会可以允许选手合理改造计时器，即先用物体压住计时器其中一边的感应区，只用一只手就可以控制计时器的开始和停止。

快速扑克牌计分纸

ATTEMPT 1
第一轮

NAME OF COMPETITOR:
选手名称：

WMSC ID

TIMER READING:
时间：

MINUTES   SECONDS   MILLISECONDS
分   秒   微秒

ARBITER:
裁判签名：

NUMBER OF CARDS CORRECTLY RECALLED:
答对的数目：

COMPETITOR:
选手签名：

ATTEMPT 1
第二轮

NAME OF COMPETITOR:
选手名称：

WMSC ID

TIMER READING:
时间：

MINUTES   SECONDS   MILLISECONDS
分   秒   微秒

ARBITER:
裁判签名：

NUMBER OF CARDS CORRECTLY RECALLED:
答对的数目：

COMPETITOR:
选手签名：

4. 马拉松扑克牌

目标

尽量记忆和回忆多副扑克牌的顺序。

项目	区域选拔赛	国家赛	世界赛
记忆时间	无	10 分钟	60 分钟
回忆时间	无	30 分钟	120 分钟

记忆部分

（1）选手可使用自备的扑克牌（组委会另有指定的除外），选手必须保证每副牌为 52 张，除去大小王，并且提前打乱顺序。

（2）扑克牌必须要用盒子装好，贴上标签，并用橡皮圈绑好。每张标签上都应包括选手姓名和扑克牌记忆的序号，比如某某某第

1 副，某某某第 2 副等。

（3）所有扑克牌用结实的袋子装好，在赛场报到处交给裁判保管。袋子上也要贴上标签，写上姓名、电话。

回忆部分

（1）答卷上每页可写两副扑克牌。

（2）参赛选手必须在答卷上清楚标示所写的牌是第几副。

（3）参赛选手必须在不同花色的表格中，按照之前记忆的顺序，清晰地写上每张牌的数字和字母即可。（即 A、2、3……J、Q、K。）

（4）注意：有些选手习惯把 A、J、Q、K 写成 1、11、12、13。对此情况，裁判可以算其正确，但是还是建议统一按照国际习惯执行。

计分方法

（1）每副完整并正确回忆的扑克牌得 52 分。

（2）如有一个错处（包括漏空）得 26 分。

（3）两个或以上的错处得 0 分。

（4）两张次序调换的牌当作两个错处。

（5）即使没有回忆全部的扑克牌也不会倒扣分。

（6）关于最后一副：如最后一副没有记完，例如，只记了前 38 张，且全部正确，则得 38 分。

如最后一副没有记完整，且有一个错处，其得分为正确扑克牌数目的一半分。

如出现小数点则四舍五入。例如，作答了 29 张扑克牌但有一错处，分数将除 2，即 29÷2＝14.5，然后调高至 15 分。

最后一副扑克牌有两个或以上的错处得 0 分。

（7）如出现相同分数，将比较选手已经记忆并且写出来却没有得分的扑克牌。每正确一张扑克牌得 1 分，分数较高者胜。

Italian Memory Championships

Cards Recall

Name : _____ WMSC ID : _____

A1

A2

Write the number or letter A(ce), J(ack), Q(ueen), K(ing)

Deck #

		♠	♥	♣	♦
♠A	1				
♠2	2				
♠3	3				
♠4	4				
♠5	5				
♠6	6				
♠7	7				
♠8	8				
♠9	9				
♠10	10				
♠J	11				
♠Q	12				
♠K	13				
♥A	14				
♥2	15				
♥3	16				
♥4	17				
♥5	18				
♥6	19				
♥7	20				
♥8	21				
♥9	22				
♥10	23				
♥J	24				
♥Q	25				
♥K	26				
♣A	27				
♣2	28				
♣3	29				
♣4	30				
♣5	31				
♣6	32				
♣7	33				
♣8	34				
♣9	35				
♣10	36				
♣J	37				
♣Q	38				
♣K	39				
♦A	40				
♦2	41				
♦3	42				
♦4	43				
♦5	44				
♦6	45				
♦7	46				
♦8	47				
♦9	48				
♦10	49				
♦J	50				
♦Q	51				
♦K	52				

Deck #

		♠	♥	♣	♦
♠A	1				
♠2	2				
♠3	3				
♠4	4				
♠5	5				
♠6	6				
♠7	7				
♠8	8				
♠9	9				
♠10	10				
♠J	11				
♠Q	12				
♠K	13				
♥A	14				
♥2	15				
♥3	16				
♥4	17				
♥5	18				
♥6	19				
♥7	20				
♥8	21				
♥9	22				
♥10	23				
♥J	24				
♥Q	25				
♥K	26				
♣A	27				
♣2	28				
♣3	29				
♣4	30				
♣5	31				
♣6	32				
♣7	33				
♣8	34				
♣9	35				
♣10	36				
♣J	37				
♣Q	38				
♣K	39				
♦A	40				
♦2	41				
♦3	42				
♦4	43				
♦5	44				
♦6	45				
♦7	46				
♦8	47				
♦9	48				
♦10	49				
♦J	50				
♦Q	51				
♦K	52				

5. 二进制数字

目标

尽量记下更多的二进制数字（例如，011011）。

项目	区域选拔赛	国家赛	世界赛
记忆时间	5 分钟	5 分钟	30 分钟
回忆时间	15 分钟	15 分钟	60 分钟

记忆部分

（1）计算机随机产生的数字，每页 25 行、每行 30 位（即每页 750 个数字）。

（2）二进制数字的数目为现时世界纪录加 20%。如果选手可以记忆更多的数字，须在比赛前一个月向组委会提出书面申请。

（3）选手可以使用直尺、笔、透明薄膜等文具协助记忆。

回忆部分

（1）选手的答卷字迹必须清楚。修改时，不要直接将错写的 0 改为 1，或者将错写的 1 改为 0。应该先划掉错误的 1 或者 0，然后在旁边空白处写上正确的 0 或 1。

（2）选手答题时必须按照顺序。如果写错位了或者写漏了要插入，必须清楚地标记，同时在答卷空白处做文字说明。如果修改太多，建议直接举手要求裁判给一张新的答卷作答。

（3）选手可选择以空白格代替 0，但每页的作答必须一致，即全是空白格或全是 0，如果所有的空白格将当作 0，结束行必须有该行完结的记号。

（4）最后一行中，选手必须做出一个清楚的完结记号，如 stop、end、E、e 或在最后作答的一格后画上一条横线。如没有明确标示，裁判只会以该行最后的一个"1"作为该行的终结。

计分方法

（1）完全写满并正确的一行得 30 分。

（2）完全写满但有一个错处（或漏空）的一行得 15 分。

（3）完全写满但有两个错处（或漏空）及以上的一行得 0 分。

（4）空白行数不会倒扣分。

（5）对于最后一行：如最后一行没有完成（例：只写出 20 个数字），且所有数字皆正确，其所得分数为该行作答数字的数目。

（6）如最后一行没有完成，但有一个错处（或中间漏空），其所得分数为该行作答数字的数目的一半（如有小数点，采取四舍五入法）。

（7）如有相同的分数，将在选手已作答而没有得分的行中，以每个正确作答的数字为 1 分进行计分决定，分较高者获胜。

二进制转十进制表

000	001	010	011	100	101	110	111
0	1	2	3	4	5	6	7

世界记忆锦标赛
二进制数字·记忆卷

1	1	0	0	1	1	1	1	0	0	0	0	0	1	0	1	0	1	1	0	0	1	0	0	0	1	0	0	1	1	Row1
1	1	1	1	0	0	1	0	0	1	1	1	0	1	0	1	0	1	0	1	1	1	1	0	1	1	1	1	0	1	Row2
0	0	1	1	1	1	1	0	1	1	0	0	1	1	1	1	1	0	1	1	0	1	0	1	1	1	1	0	0		Row3
0	1	1	0	0	0	1	1	0	1	0	1	1	0	0	1	0	0	1	1	1	0	1	1	0	0	0	1	1		Row4
0	0	0	1	0	0	0	1	0	1	1	1	0	0	0	1	1	1	1	1	1	0	1	0	1	0	1	0			Row5
0	1	1	1	0	1	0	1	0	0	1	0	0	1	1	0	1	1	0	0	0	0	0	0	1	0	0	0			Row6
1	1	1	1	0	1	0	0	1	0	0	1	0	1	0	1	0	0	1	0	1	1	0	1	1	1	0	0	1		Row7
0	0	1	1	0	1	0	1	1	0	0	1	0	1	0	1	1	0	1	1	1	0	1	1	0	1	0	1	0		Row8
0	1	1	1	0	0	0	1	1	0	1	0	0	1	0	1	1	0	1	1	1	0	0	1	1	0	1				Row9
1	0	1	0	0	1	1	1	1	1	0	1	0	1	0	0	0	1	1	1	0	1	0	1	1	0	1	1			Row10
1	1	0	0	0	0	1	0	0	1	0	1	0	1	0	0	1	0	1	0	0	1	1	1	1	1	0				Row11
0	0	1	1	1	0	0	1	0	0	0	1	0	1	0	0	1	1	0	0	1	0	0	0	1	1	1				Row12
0	1	1	1	1	0	0	1	0	1	0	1	1	0	0	1	0	1	1	0	1	1	0	1	1	1	1				Row13
1	1	0	1	1	0	1	0	1	1	0	1	0	0	0	1	0	0	0	1	0	1	0	1	1	0					Row14

编号：＿＿＿＿＿＿　　姓名：＿＿＿＿＿＿　　组别：＿＿＿＿＿＿

A1	
A2	72

30	1	1	0	0	1	1	1	1	0	0	0	0	1	0	1	0	1	1	0	0	1	0	0	0	1	0	0	1	1		Row1
15	1	1	1	1	0	0	1	0	0	1	1	1	1	0	1	0	1	0	1	0	1	1	1	1	0	1	1	1	0	1	Row2
0	0	0	1	1	1	1	1	0	0	0	1	0	1	0	1	1	1	1	0	1	1	0	1	0	1	0	1	1	1	0	0	Row3
15	0	1	1	0	0	0	1	1	0	1	1	0	0	1	0	0	1	1	1	0	1	1	1	0	0	0	0	1	0	1	Row4
0	0	0	0	1	0	1	0	0	0	1	1			0	0	1	0	0	1	1	1	1	1	0	0	1	0	1	0		Row5
12	0	1	1	1	0	1	0	1	0	0	0	1																			Row6
																															Row7
																															Row8
																															Row9
																															Row10
																															Row11
																															Row12
																															Row13
																															Row14
																															Row15
																															Row16
																															Row17
																															Row18
																															Row19
																															Row20
																															Row21
																															Row22
																															Row23
																															Row24
																															Row25

6. 虚拟事件和日期

目标

尽量多地记忆虚拟的历史／未来日期，并于回忆时将其写在相关事件的前面。

项目	区域选拔赛	国家赛	世界赛
记忆时间	5 分钟	5 分钟	5 分钟
回忆时间	15 分钟	15 分钟	15 分钟

记忆部分

（1）问卷的年份数目为现时世界纪录加 20%，每页有 40 个年份。

（2）事件的年份为 1000 年至 2099 年，且同一份试卷不会出现同样的 4 个数字。

（3）所有事件和年份皆为虚构（如 1938 年签署《和平条约》）。

（4）事件年份位于问卷左方，而每个事件将垂直地排列，所有的事件会随机排列以避免以数字或字母次序排列。

（5）选手如果能记忆更多的事件日期，可在比赛前一个月提出增加数量的要求。

回忆部分

（1）答卷每页会有 40 个事件。

（2）答卷事件的次序跟问卷中的有所不同。

（3）参赛选手必须将正确的年份写在事件前。

计分方法

（1）每写一个正确年份得一分，整个年份的 4 位数字必须写正确。

（2）每个事件前只可写上一个 4 位数字的年份，每个错误的年份会倒扣 0.5 分。

（3）空白行数不会扣分。

（4）总分四舍五入，即 45.5 分会调高至 46 分。

（5）如有相同的分数，则较少错误的选手获胜。

2019 第 28 届世界脑力锦标赛中国总决赛
虚拟事件和日期·记忆卷

序号	年代	事件
1	1666	52 岁保姆意外失踪
2	1303	科学家用仪器看见水分子
3	2077	全国各地实施垃圾分类
4	1057	斑马参加森林选美比赛
5	1829	大理石上长出苔藓
6	1991	面包里飞出很多蝴蝶
7	1385	微信软件更新功能
8	1605	滴滴顺风车重新上线
9	1802	饼干加工厂发生大爆炸
10	1241	女大学生网购尤克里里
11	1522	进口榴莲发现寄生虫
12	1239	婴儿吃泡泡糖粘住肠子
13	1421	牛奶和面包销售火爆

序号	年代	事件
14	1129	撕拉面膜成为女性新宠
15	1487	榴莲酥成为营养食品
16	2066	女子睡梦中吞下汤勺
17	1055	著名制片人因胃癌去世
18	1065	猩猩帮助农民种植庄稼
19	1037	医生为男孩拔出 532 颗牙
20	1436	动物园老虎跑丢
21	1100	司机用手电筒当车灯
22	1486	货车开上高速路
23	1984	帅哥开奔驰送外卖
24	1770	鼠标用猫尾巴做成
25	1299	野猫叼走小喜鹊
26	1200	乔治妈妈勇斗黑狗
27	1195	商人过原始人生活
28	1830	史努比大战母狮
29	1402	小孩雕塑酷似真人
30	1582	机器人当伴郎伴娘
31	2046	胎儿摆出粗鲁手势
32	2078	绿巨人病愈后出逃
33	2065	石榴汁可以洗头发

序号	年代	事件
34	1489	秋天枫叶满天飞
35	1581	制衣公司突然关门
36	1800	女艺人阻碍民警执行公务
37	1636	小伙躺地上发传单
38	1615	双十一爆款清单
39	1907	美军承认遭遇 UFO
40	1667	公司高管偷拍美女
41	1101	英国女团宣布解散
42	1157	超市店员连续工作 24 小时
43	1881	打印机可以自动工作
44	1221	大学生宿舍吃火锅
45	1580	多款 APP 出现闪退现象
46	1235	粉丝追星购买大量海报
47	1934	院长示范人体写生
48	1670	某款游戏侵犯用户隐私
49	1412	上百名游客去泰国旅游
50	1073	武汉一小区精装房坍塌
51	1700	苹果推出追踪物品功能
52	1809	老人强迫他人让座

序号	年代	事件
53	1150	商贩把新鲜水果换成烂水果
54	1131	某女教师接受测谎
55	1569	万亿豪宅被拆迁
56	1099	护士在医院坠亡
57	1931	幼女被囚禁在铁笼
58	1669	中国女排获得世界冠军
59	1058	北京冬奥会吉祥物诞生
60	1240	市民闯红灯被罚款
61	1831	机场一碗牛肉面78元
62	1659	进口奶粉降价
63	1799	公务员考试录取率提升
64	1832	某校用洗衣粉洗学生餐具
65	1488	东北三省最低气温3℃
66	1583	喝咖啡会患糖尿病
67	1181	南京一女子被骗五万元
68	1485	环卫工人翻垃圾找戒指
69	1548	共享单车全部收回
70	2080	父母将孩子遗忘在车内
71	1097	外卖小哥撞上劳斯莱斯

序号	年代	事件
72	1130	春节禁止燃放烟花爆竹
73	1262	中学女教师在成都失联
74	1998	电动牙刷不能清洁牙齿
75	1128	租户拖欠房租长达两年
76	2020	明星为提高知名度买热搜
77	1098	17岁少年发明液体创可贴
78	1623	男子举报自己酒驾
79	1862	高速路车辆屡遭石头袭击
80	1833	小朋友在高铁上合唱
81	1801	教育部发文消灭本科水课
82	1712	一瘫痪患者与女友结婚
83	2069	盗版书从书店撤出
84	1926	水井里的水干涸
85	2081	宠物猫饿晕在家中
86	1668	纸张被随意丢弃在路边
87	2079	研发单位回应学生戴监测头环
88	1736	作家一个月内将小说完工
89	1346	蒸汽火车被时代淘汰
90	2041	蜘蛛逃离动物园
91	1056	在欧洲喝酒属于违法行为

序号	年代	事件
92	1727	滑雪坡的雪开始融化
93	2018	女婴被父母遗弃
94	1499	佩奇参加脑力锦标赛
95	1388	卫生纸撕不烂
96	1975	弹簧床生锈失去弹性
97	1102	女子吃生豆角中毒
98	2063	亚英网络董事会 4 人被捕
99	1405	大学生网上投简历被骗
100	1242	女子肺部中毒身亡
101	1450	淘宝买家故意给商家差评
102	1190	父母唤醒植物人儿子
103	1428	世界上最后一只恐龙灭绝
104	1290	学生吃花生被呛到
105	1234	老人把财产捐给了慈善基金会
106	1897	牙医将患者牙齿拔错
107	1026	演说家去非洲演说
108	1900	电梯出现故障被困
109	1768	学生会组织聚会
110	1267	侦探抓获了犯罪分子
111	1565	10 岁男孩考上大学

序号	年代	事件
112	1988	高龄产妇生下龙凤胎
113	1876	牛肉短缺引起价格上涨
114	2013	新闻记者调查反腐事件
115	2076	外卖商家遭用户恶意投诉
116	1845	拼多多链接刷爆朋友圈
117	2019	国足踢进决赛
118	1698	移动积分可兑换奖品
119	2034	小伙制止施暴者身中数刀
120	2098	百万过期月饼被销毁
121	1789	男子贷款买保时捷
122	1110	离婚夫妇一起跳探戈
123	1709	富豪每日坐直升飞机出行
124	1323	印度全面禁止电子烟
125	1566	局长办案玩忽职守
126	1777	乘客霸占商务舱
127	1035	韩国警察集体剃发
128	1433	吃阿司匹林可以强身健体
129	1765	985 毕业找对象难
130	1023	00 后小鲜肉求职被拒
131	1280	小镇发生 6 级地震

序号	年代	事件
132	1444	女子练车遇车祸全身骨折
133	2088	小贩占道摆卖被查
134	2014	女子将硫酸泼向家人
135	2038	律师打输官司赔偿 50 万
136	1889	化石内发现昆虫
137	1199	杀人鲸追杀海豚
138	2011	老人发明多文字象棋
139	2045	美国出售新奇水果
140	2033	菲律宾人身长 2 米
141	2015	七旬老人爱棋成痴
142	1756	杂技艺人开汽车
143	1690	浙江金华停用智能头环
144	1903	大学首开情感指导课
145	1834	囚犯在牢房墙上打洞
146	1089	热带森林出现海市蜃楼
147	2094	香港举行背老太婆大赛
148	2057	闪电击中世界最高塔
149	1657	动物园雄狮痴迷足球
150	1658	宠物鹿吃意大利面
151	2048	白鲸在北极冰下嬉戏

序号	年代	事件
152	1649	日本猴子享受温泉
153	1904	男子体验空中办公
154	1893	马来熊舌头掉出嘴外
155	2023	沙漠中发现大蜘蛛
156	2000	气球吊起办公椅
157	2017	巧克力沙龙在上海举办
158	1648	连体兄弟创吉尼斯纪录
159	1938	波兰警察打驴
160	1997	宠物鸭子通灵性
161	2087	恶搞照片风靡网络
162	2054	医生揭药品回扣黑幕
163	1743	情侣出售假币被抓
164	1378	孕妇挑战高空跳伞
165	1390	垃圾桶翻出百元假钞
166	2090	商店老板在门口弹吉他
167	2056	手机充电时突然爆炸
168	1289	米粉里吃出蟑螂
169	1165	旅客投诉飞机餐难吃
170	1478	魔术师将红枣藏在毡帽里

序号	年代	事件
171	1954	罪犯在逃 20 年被警方抓获
172	1567	紫荆花上长满了蚂蚁
173	1557	宇航员首次登月失败
174	1443	奶牛产出香蕉口味的牛奶
175	1220	玫瑰花中钻出黑色虫子
176	1999	74 岁老太太生双胞胎女儿
177	1300	小偷疯狂掠夺
178	1032	麻袋制成婚纱
179	2007	二位新人在太空举行婚礼
180	2022	将军请裁缝做战袍
181	2044	沈阳举行冰雕展
182	1009	海底打捞出神秘飞行器
183	1034	学生军训遇暴雨
184	1598	明星直播理光头
185	1775	新片票房破 8 亿
186	1734	世界最年长老人去世
187	2010	中国家庭人均财产超 20 万
188	2024	日本冲绳发生火灾
189	1911	学校禁止学生宿舍锁门
190	1389	消防员退队时警铃响起

2019 第 28 届世界脑力锦标赛中国总决赛
虚拟事件和日期·作答卷

A1 ☐
A2 ☐

① 1

序号	年代	事件
1		机场一碗牛肉面 78 元
2		研发单位回应学生戴监测头环
3		富豪每日坐直升飞机出行
4		饼干加工厂发生大爆炸
5		电动牙刷不能清洁牙齿
6		985 毕业找对象难
7		医生为男孩拔出 532 颗牙
8		大理石上长出苔藓
9		新闻记者调查反腐事件
10		奶牛产出香蕉口味的牛奶
11		海底打捞出神秘飞行器
12		多款 APP 出现闪退现象
13		日本冲绳发生火灾
14		老人把财产捐给了慈善基金会
15		新片票房破 8 亿
16		小伙躺地上发传单
17		小贩占道摆卖被查

序号	年代	事件
18		女大学生网购尤克里里
19		杂技艺人开汽车
20		万亿豪宅被拆迁
21		消防员退队时警铃响起
22		进口榴莲发现寄生虫
23		超市店员连续工作 24 小时
24		00 后小鲜肉求职被拒
25		女子睡梦中吞下汤勺
26		某校用洗衣粉洗学生餐具
27		女子肺部中毒身亡
28		小镇发生 6 级地震
29		动物园雄狮痴迷足球
30		闪电击中世界最高塔
31		幼女被囚禁在铁笼
32		化石内发现昆虫
33		浙江金华停用智能头环
34		宠物鹿吃意大利面
35		双十一爆款清单
36		演说家去非洲演说
37		货车开上高速路

序号	年代	事件
38		电梯出现故障被困
39		鼠标用猫尾巴做成
40		大学首开情感指导课
41		垃圾桶翻出百元假钞
42		亚英网络董事会 4 人被捕
43		世界上最后一只恐龙灭绝
44		美国出售新奇水果
45		蜘蛛逃离动物园
46		制衣公司突然关门
47		高龄产妇生下龙凤胎
48		男子举报自己酒驾
49		护士在医院坠亡
50		进口奶粉降价
51		孕妇挑战高空跳伞
52		乔治妈妈勇斗黑狗
53		沙漠中发现大蜘蛛
54		石榴汁可以洗头发
55		大学生网上投简历被骗
56		佩奇参加脑力锦标赛
57		高速路车辆屡遭石头袭击

序号	年代	事件
58		中学女教师在成都失联
59		百万过期月饼被销毁
60		老人发明多文字象棋
61		波兰警察打驴
62		旅客投诉飞机餐难吃
63		热带森林出现海市蜃楼
64		连体兄弟创吉尼斯纪录
65		胎儿摆出粗鲁手势
66		魔术师将红枣藏在毡帽里
67		女子练车遇车祸全身骨折
68		学生军训遇暴雨
69		囚犯在牢房墙上打洞
70		斑马参加森林选美比赛
71		弹簧床生锈失去弹性
72		北京冬奥会吉祥物诞生
73		杀人鲸追杀海豚
74		气球吊起办公椅
75		菲律宾人身长 2 米
76		榴莲酥成为营养食品
77		纸张被随意丢弃在路边

序号	年代	事件
78		将军请裁缝做战袍
79		牛奶和面包销售火爆
80		共享单车全部收回
81		美军承认遭遇 UFO
82		全国各地实施垃圾分类
83		女子吃生豆角中毒
84		某款游戏侵犯用户隐私
85		小偷疯狂掠夺
86		小孩雕塑酷似真人
87		一瘫痪患者与女友结婚
88		中国家庭人均财产超 20 万
89		17 岁少年发明液体创可贴
90		滴滴顺风车重新上线
91		武汉一小区精装房坍塌
92		男子体验空中办公
93		卫生纸撕不烂
94		商贩把新鲜水果换成烂水果
95		牙医将患者牙齿拔错
96		面包里飞出很多蝴蝶

序号	年代	事件
97		租户拖欠房租长达两年
98		滑雪坡的雪开始融化
99		明星直播理光头
100		动物园老虎跑丢
101		喝咖啡会患糖尿病
102		环卫工人翻垃圾找戒指
103		南京一女子被骗 5 万元
104		帅哥开奔驰送外卖
105		手机充电时突然爆炸
106		微信软件更新功能
107		机器人当伴郎伴娘
108		罪犯在逃 20 年被警方抓获
109		国足踢进决赛
110		秋天枫叶满天飞
111		市民闯红灯被罚款
112		女艺人阻碍民警执行公务
113		绿巨人病愈后出逃
114		宇航员首次登月失败
115		大学生宿舍吃火锅

序号	年代	事件
116		苹果推出追踪物品功能
117		院长示范人体写生
118		白鲸在北极冰下嬉戏
119		74 岁老太太生双胞胎女儿
120		打印机可以自动工作
121		情侣出售假币被抓
122		律师打输官司赔偿 50 万
123		小朋友在高铁上合唱
124		拼多多链接刷爆朋友圈
125		印度全面禁止电子烟
126		明星为提高知名度买热搜
127		公司高管偷拍美女
128		香港举行背老太婆大赛
129		猩猩帮助农民种植庄稼
130		公务员考试录取率提升
131		水井里的水干涸
132		商人过原始人生活
133		10 岁男孩考上大学
134		离婚夫妇一起跳探戈

序号	年代	事件
135		父母将孩子遗忘在车内
136		学生吃花生被呛到
137		盗版书从书店撤出
138		玫瑰花中钻出黑色虫子
139		春节禁止燃放烟花爆竹
140		司机用手电筒当车灯
141		男子贷款买保时捷
142		52 岁保姆意外失踪
143		医生揭药品回扣黑幕
144		女子将硫酸泼向家人
145		麻袋制成婚纱
146		宠物猫饿晕在家中
147		撕拉面膜成为女性新宠
148		著名制片人因胃癌去世
149		恶搞照片风靡网络
150		父母唤醒植物人儿子
151		七旬老人爱棋成痴
152		淘宝买家故意给商家差评
153		女婴被父母遗弃

序号	年代	事件
154		移动积分可兑换奖品
155		学校禁止学生宿舍锁门
156		巧克力沙龙在上海举办
157		宠物鸭子通灵性
158		米粉里吃出蟑螂
159		粉丝追星购买大量海报
160		小伙制止施暴者身中数刀
161		老人强迫他人让座
162		世界最年长老人去世
163		学生会组织聚会
164		教育部发文消灭本科水课
165		野猫叼走小喜鹊
166		吃阿司匹林可以强身健体
167		作家一个月内将小说完工
168		史努比大战母狮
169		在欧洲喝酒属于违法行为
170		牛肉短缺引起价格上涨
171		外卖商家遭用户恶意投诉
172		英国女团宣布解散

序号	年代	事件
173		蒸汽火车被时代淘汰
174		商店老板在门口弹吉他
175		东北三省最低气温3℃
176		某女教师接受测谎
177		乘客霸占商务舱
178		外卖小哥撞上劳斯莱斯
179		中国女排获得世界冠军
180		韩国警察集体剃发
181		科学家用仪器看见水分子
182		紫荆花上长满了蚂蚁
183		婴儿吃泡泡糖粘住肠子
184		日本猴子享受温泉
185		沈阳举行冰雕展
186		局长办案玩忽职守
187		二位新人在太空举行婚礼
188		侦探抓获了犯罪分子
189		上百名游客去泰国旅游
190		马来熊舌头掉出嘴外

🕮 7. 听记数字

尽量多地记忆和回忆听到的数字。

项目	区域选拔赛	国家赛	世界赛
记忆时间	无	第 1 轮 100 秒 第 2 轮 300 秒	第 1 轮 200 秒 第 2 轮 300 秒 第 3 轮 550 秒
回忆时间	无	第 1 轮 5 钟 第 2 轮 15 钟	第 1 轮 10 分钟 第 2 轮 15 分钟 第 3 轮 25 分钟

记忆部分

（1）试题为每秒播放一个英语数字的录音文件。在开始念数字前，先会播放 A-B-C。当 A-B-C 播放结束后，开始正式念数字。例如，1、5、4、8 等。

（2）在最后一轮，录音中所播出的数字数量是世界纪录加上 20%。

（3）录音播放期间不可有任何书写行为。

（4）当参赛选手达到其记忆极限时，必须在其座位上保持安静，直到录音完全播完为止。

（5）如果由于某种原因受到外界的干扰而需暂停播放时，裁判会从暂停时间点前已经播放的前 5 个数字开始重新播放，直至剩余数字读完为止。

例如：A-B-C-7-8-5-9-2-7-2-3-6-4-3-4-5-3-3-0-7-1-1-2-8。在最后的 8 处因故暂停了，即这个 8 被干扰，大家没听清楚，则裁判会在这个被干扰的 8 前面第 5 个数字处，即从数字 0 处重新播放。

回忆部分

（1）参赛选手须使用组委会提供的答卷作答。

（2）参赛选手必须由头开始，依次写上所记的数字。

（3）答卷会于记忆开始前放在选手桌下的地上。当录音播放完毕，裁判宣布开始作答时，选手方可捡起地上的答卷作答。

计分方法

（1）从第 1 个数字开始算，每写正确一个数字得 1 分。

（2）一旦选手出现了第 1 个错误，即停止计分。例如，选手记忆了 127 个数字，但第 43 个数字错了，那么得分为 42。如选手记忆了 200 个数字，但第 1 个数字就错了，得分便为 0。

（3）在受到外界干扰的情况下，选手必须先正确写出重新播放录音前的所有数字，之后的那些数字才会被计分。例如，第一轮 100 个数字中，在播放第 47 个数字时受到噪声干扰，录音会从第 42 个数字开始播放直至 100 个数字结束。在答题时，选手必须正确写出前 42 个数字，则余下的 58 个数字才会被计分。

（4）如果干扰来自某位选手，这对其他选手是不公平的。作为处罚，该选手将不能参与其他轮的听记数字比赛。

（5）在比赛中，如果多个选手获得 450 分，胜出者为其他一轮得分较高者；如其他轮的得分也一样，胜出者则为余下那轮得分较高者。如那一轮得分还一样，结果为双冠军。

世界记忆锦标赛
100 秒听记数字·答卷

A1 / A2 ① 1

编号：_____ 姓名：_____ 组别：_____

5	1	1	8	7	8	6	3	5	4	2	5	1	0	3	8	7	5	3	5	2	3	7	9	0	0	7	6	3	1	1
3	4	3	6	5	7	8	4	5	8	8	0	0	5	3	2	3	4	2	3	4	5	7	6	7	5					2
																														3
																														4

编号：_____　　姓名：_____　　组别：_____

5	2	1	8	7	8	6	3	5	4	2	5	1	0	3	8	7	5	3	5	2	3	7	9	0	0	7	6	3	1	1
3	4	3	6	5	7	8	4	5	8	8	0	0	5	3	2	3	4	2	3	4	5	7	✗	7	5					2
																														3
																														4
																														5
																														6
																														7
																														8
																														9
																														10

8. 随机词语

目标

尽可能记忆更多的随机词语（例：狗、花瓶、吉他等）并正确地回忆出来。

项目	区域选拔赛	国家赛	世界赛
记忆时间	5 分钟	5 分钟	15 分钟
回忆时间	15 分钟	15 分钟	40 分钟

记忆部分

（1）每张问卷纸有 5 列，每列有 20 个广为人知的词语。当中大约有 80% 为形象名词，10% 为抽象名词，10% 为动词。

（2）词语从世界公认的字典中选出，基本都符合儿童、青少年和成人选手的认知水平。

（3）词语的数目为现时世界纪录加 20%。

（4）选手必须由每列的第一个词语开始，依次记忆该列更多的词。

（5）选手可自由选择记忆哪些列。

回忆部分

（1）选手必须在提供的答卷上写上词语，务必保证字迹清晰可认，多用楷书，少用草书，以免增加裁判辨认和评分难度。

（2）如果中间有漏写的词语，可以把漏写的词语写在旁边的空白处，并用箭头清晰地指明插入位置。

（3）选择中文简体试卷的选手不能以拼音、英语单词或者繁体字作答。

计分方法

（1）如每列 20 个词语均正确作答，每个词语将得 1 分。

（2）如每列 20 个词语中有一处错误或漏写一个词语，得 10 分（即 20/2）。

（3）如每列 20 个词语中有两个及以上的错误，或漏写两个及以上词语，得 0 分。

（4）如每列 20 个词语中有错别字，则错几个扣几分。例如，把"斑马"写成"班马"，则扣一分，最后得分为 19 分。

（5）空白未作答的列不会扣分。

（6）对于最后一列：如最后一列没有写完，每个正确回忆的词语得 1 分。

有一处错误或中间漏写一个词，则该列得分为正确回忆的词语数目的一半分。

有两处错误或漏写两个词，则该列得 0 分。

（7）如果一列中有一个记忆错误和一处错别字，那么该列的计分方式为：满分先除以 2，然后再减去写错别字的词语的分数，即 20 除 2 得 10 分，再减 1，最后得 9 分；如果有两个词语写了错别字就减 2 分，得 8 分。

（8）注意：记忆错误必须先于错别字错误扣分，否则 9.5 分会被调高至 10 分，即没有扣掉错别字该扣的分。

（9）总分为每列分数的总和。如总分有半分，则会四舍五入。

（10）如分数相同，胜出者将取决于作答了而没有得分的列数。每正确作答一个词语得 1 分，分数较高者胜。

特别说明：如何裁定选手是错误还是写错别字？

（1）以下情况属于错误：

"相片"写成了"照片"

"橘子"写成了"桔子"

"橙"写成了"橙子"

"录像"写成了"录相"

虽然选手头脑中记忆的是同一个图像，但是文字的表达方式和试题不一样，这些都算是错误。

（2）以下情况属于错别字：

"录像"写成了"录象"

"编辑"写成了"编缉"

选手头脑中记忆的是同一个图像，且文字的表达方式和试题一样，只是在书写过程中把字的笔画或者偏旁部首写错了，这就当错别字处理。

如果裁判遇到有争议的情况，必须上报更高一级的裁判来裁定。

1	喜悦	21	抱枕	41	山药	61	部署	81	纹路
2	帽儿	22	探测	42	思念	62	围棋	82	抱琴
3	薪酬	23	服饰	43	金蝉	63	豌豆	83	工具
4	抹茶	24	治家	44	大鹏	64	院长	84	圆弧
5	面糊	25	箭袋	45	手柄	65	牧师	85	寒食
6	栗子	26	刻录	46	南沙	66	围城	86	洗涤
7	辨认	27	步伐	47	枫叶	67	明信片	87	信封
8	智能	28	腰带	48	翻滚	68	攀爬	88	音符
9	复叶	29	归类	49	担担面	69	羽毛扇	89	灯塔
10	品相	30	饭堂	50	铁丝	70	马猴	90	面膜
11	猪肚	31	环绕声	51	滑板	71	峨眉	91	凤凰
12	葡萄柚	32	土星环	52	溶洞	72	店长	92	剑门关
13	推送	33	葵瓜子	53	蝴蝶	73	水桶腰	93	阶梯
14	好望角	34	文具盒	54	颜料	74	刺猬	94	空调
15	水母	35	喷泉	55	印泥	75	布娃娃	95	图表
16	青稞	36	货币	56	佛手柑	76	鱼油	96	奖金
17	影星	37	灯罩	57	制片人	77	触觉	97	马甲
18	司南	38	朱雀	58	珊瑚	78	瓦片	98	轿子
19	大婶	39	耳环	59	箩筐	79	板凳	99	毛坯
20	激起	40	丝绸	60	洗发液	80	松鹤	100	餐具

编号：＿＿＿＿＿＿＿　　姓名：＿＿＿＿＿＿　　组别：＿＿＿＿＿＿

1	喜悦	21	抱枕	41	山药	61	部署	81	纹路
2	帽儿	22	探测	42	思念	62	围旗 ×	82	抱琴
3	薪酬	23	服饰	43	金蝉	63	豌豆	83	工具
4	抹茶	24	治家	44	大鹏	64	院长	84	圆弧
5	面糊	25	箭袋	45	手柄	65	牧师	85	寒食
6	栗子	26	刻录	46	南沙	66	围城	86	洗涤
7	辨认	27	×	47	枫页 ×	67	明信片	87	信封
8	智能	28	腰带	48	翻滚	68	攀爬	88	音符
9	复叶	29	归类	49	担担面	69	羽毛扇	89	
10	品相	30	饭堂	50	铁丝	70	马猴	90	
11	猪肚	31	环绕声	51	滑板	71	峨眉	91	
12	葡萄柚	32	土星环	52	溶洞	72	店长	92	
13	推送	33	葵瓜子	53	蝴蝶	73	水桶腰	93	
14	好望角	34	文具盒	54	颜料	74	刺猬	94	
15	水母	35	喷泉	55	印泥	75	布娃娃	95	
16	青稞	36	货币	56	佛手 ×	76	鱼油	96	
17	影星	37	灯罩	57	制片人	77	触觉	97	
18	司南	38	朱雀	58	珊瑚	78	瓦片	98	
19	大婶	39	耳环	59	箩筐	79	板凳	99	
20	激起	40	丝绸	60	洗发液	80	松鹤	100	
	20		10		0		19		8

9. 人名头像

目标

在规定时间内记忆人名和头像，并于回忆时将人名跟头像正确搭配，记得越多越好。

项目	区域选拔赛	国家赛	世界赛
记忆时间	5 分钟	5 分钟	15 分钟
回忆时间	15 分钟	15 分钟	30 分钟

记忆部分

（1）每张不同人物的彩色照片（没有背景的头肩照）下有姓和名。

（2）头像的数目为现时世界纪录加 20%。

（3）人名为随机编排，以避免选手从头像的种族得到提示。

（4）人名中包含不同的种族、年龄和性别的头像。其中男女比例为 1:1，成人和小孩比例为 4:1，大约 1/3 的成人为 18～30 岁，1/3 为 31～60 岁，1/3 为 61 岁以上的长者。

人名和头像来自广泛的族群／地区，并会平均分布：

地区	包括
盎格鲁－撒克逊五国	美国、英国、澳大利亚、新西兰、加拿大
欧洲	德国、法国、瑞典、意大利、俄罗斯
中东	沙特阿拉伯、埃及、以色列、土耳其
东亚	中国、日本、韩国
中亚	泰国、菲律宾、越南、马来西亚
非洲	南非荷兰、津巴布韦、肯尼亚
拉丁／西班牙	西班牙、墨西哥、智利、阿根廷

（5）姓和名是随机编排的（如一个人可能会有欧洲人的姓氏和中国人的名字）。

（6）名字根据性别分配。

（7）在比赛中，每个名字或姓氏只会出现一次。

（8）带有连字符号的名字（如苏—爱伦或巴顿—史密夫）将不会使用，因为有一些地方（如日本）会视其为两个名字。

（9）对于用英语作答的选手请注意：中文名字如果是两个字，翻译成英文后会以一个字书写，且当中的第二个字会以大写起头。如建邦，翻译成英文就是 KinPong。

（10）对于用英语作答的选手请注意：有些名字或会有重音符号，但作答时并不需要写上，分数不会因没有重音符号而减少。

（11）地区赛事中不能有任何族群倾向。例如，法国赛事中不能只有法国人的名字。所有地区和世界纪录如有任何族群倾向，将以 0 分计。

照片的编排为以下其一：

每张 A4 纸中有三行，每行三张照片

每张 A3 纸中有三行，每行五张照片

每张 A3 纸中有四行，每行六张照片

选手如不使用中文、英文，可于比赛前至少一个月向组委会提出要求，将问卷翻译为其所用的文字。

（12）选手可以使用直尺、笔等文具。

回忆部分

（1）答卷上彩色照片的规格与问卷一样，只是照片顺序会被打乱，并且没有姓名。

（2）选手必须清晰地于照片下方写上正确的姓和名。如问卷中有多于一种文字（例如，英文和简体中文），选手只能选择其中一种文字作答。

（3）最新的答卷中，在每张照片下面会有两条隔开的横线。选手要在第一条横线上写上姓，第二条横线上写上名，不可颠倒或者写在两条横线中间。

计分方法

（1）正确的名字得一分。

（2）正确的姓氏得一分。

（3）若只写出姓氏或名字亦可得分。

（4）问卷上不会有重复的姓氏或名字。同样地，答卷上不应有重复的姓氏或名字。如有姓氏或名字在答卷上重复多于两次，例如，写了3个"马文"，则答卷的分数根据姓氏或名字每个扣0.5分。所以，请选手不要写同一个信息（姓或名）超过3次。

（5）错误填写的姓氏或名字得0分。

（6）姓氏和名字，其次序必须跟问卷的相同。如次序颠倒，便计0分。

（7）没有姓氏或名字将不会倒扣分。

（8）总得分有小数点时，四舍五入。

（9）如同时使用第2种语言作答，第2种正确答案都将不获得分数。例如，大部分答案为简体中文，使用英文作答的部分将不获分。

（10）如有相同分数，胜出者为较少犯错的一位。

昆 杰拉德　　木美子 马乔里　　贝克拉 希达亚特　　唐纳 艾伦　　妮娜 施瓦泽

井 飞舟　　贺 彩玲　　席 温娜　　汉特 埃文　　黛妮 普尔曼

娜拉希 莱杰　　法兰克 布兹　　雯丽 金特尔　　易立夫 克里斯　　欧尔佳 沙玛

世界脑力锦标赛中国区选拔赛 2015
人名头像·回忆卷 1

1Names: _____　　Page1 of 4

WMSC ID:_____　　A1　A2　1

贺奥 0　贺奥　贺奥　玛丽莲　道 2　欧文　欧文 2　欧文　欧文

尹 天黛 0

奥儿马儿 0　博塞 1

10. 抽象图形

目标

尽量多地记忆，并于回忆时将每行的正确次序标注出来。

项目	区域选拔赛	国家赛	世界赛
记忆时间	15 分钟	15 分钟	15 分钟
回忆时间	30 分钟	30 分钟	30 分钟

记忆部分

（1）每张 A4 问卷纸中有 50 个黑白图形，共 10 行、每行 5 个。这些图形皆按一定的顺序排列。

（2）每行有 5 个图形，每行独立计算分数。

（3）图形的数量为现时世界纪录加 20%。

（4）选手可选择问卷的任意一行开始记忆。

重要提示：在该项目的记忆过程中，桌面上不能有任何书写工具（例如，圆珠笔或铅笔）、量度工具（例如，尺子）和额外的纸张。

回忆部分

（1）答卷的格式跟问卷格式大致一样，内容跟记忆卷的一样，只是每行的 5 个图形次序不一样，行与行之间的顺序是不变的。

（2）选手须在答卷上每个图形下用 1、2、3、4、5 写出原来问卷每行中的图形顺序。

计分方法

（1）每行正确作答的得 5 分。

（2）答卷中如有一行有遗漏或错误者，该行倒扣 1 分，即得分为 -1。

（3）答卷不作答或空白的行数不扣分。

（4）总分为负数者将以 0 分计。

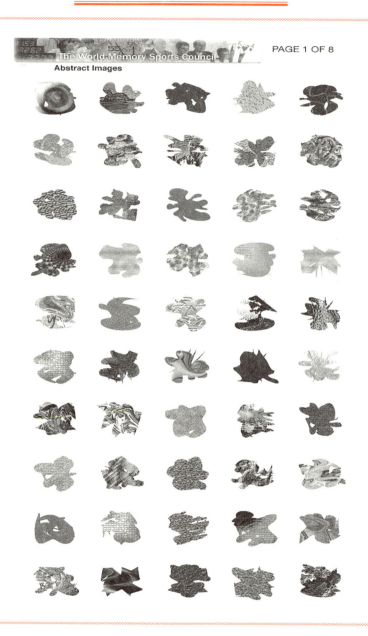

抽象图形答卷

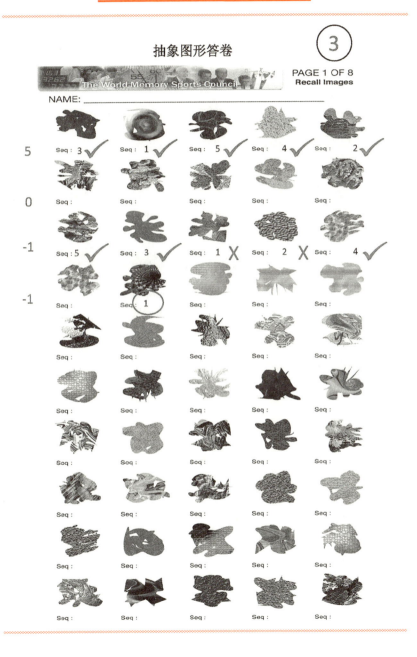

抽象图形答卷

③

PAGE 1 OF 8
Recall Images

The World Memory Sports Council

NAME: _____

5

Seq : 3 ✓   Seq : 1 ✓   Seq : 5 ✓   Seq : 4 ✓   Seq : 2 ✓

0

Seq :   Seq :   Seq :   Seq :   Seq :

-1

Seq : 5 ✓   Seq : 3 ✓   Seq : 1 ✗   Seq : 2 ✗   Seq : 4 ✓

-1

Seq :   Seq : 1   Seq :   Seq :   Seq :

Seq :   Seq :   Seq :   Seq :   Seq :

Seq :   Seq :   Seq :   Seq :   Seq :

Seq :   Seq :   Seq :   Seq :   Seq :

Seq :   Seq :   Seq :   Seq :   Seq :

Seq :   Seq :   Seq :   Seq :   Seq :

Seq :   Seq :   Seq :   Seq :   Seq :

第三章   记忆竞技   115

3.3 训练注意事项

世界记忆锦标赛十大传统项目可按照词语、数字、图片分成 3 个类别。

（1）词语类：人名头像、随机词语。

（2）数字类：快速数字、马拉松数字、快速扑克牌、马拉松扑克牌、二进制数字、虚拟事件和日期、听记数字。

（3）图片类：抽象图形。

在世界记忆锦标赛传统十大项目中，其中 7 个项目是数字类，所以我们在训练时，需要先从数字类项目开始。

数字类的 7 个项目，以快速数字为基础，因此建议先从快速数字的练习入门，待达到 5 分钟记忆 300 个左右数字的水平之后，再进行其他数字项目的练习，比如快速扑克牌、马拉松扑克牌等。

数字类 7 个项目的练习完成之后，接下来是两个词语类项目和最后一个图片类项目的练习（详细训练计划参考后面章节中记忆大师的分享）。

第四章

记忆密码

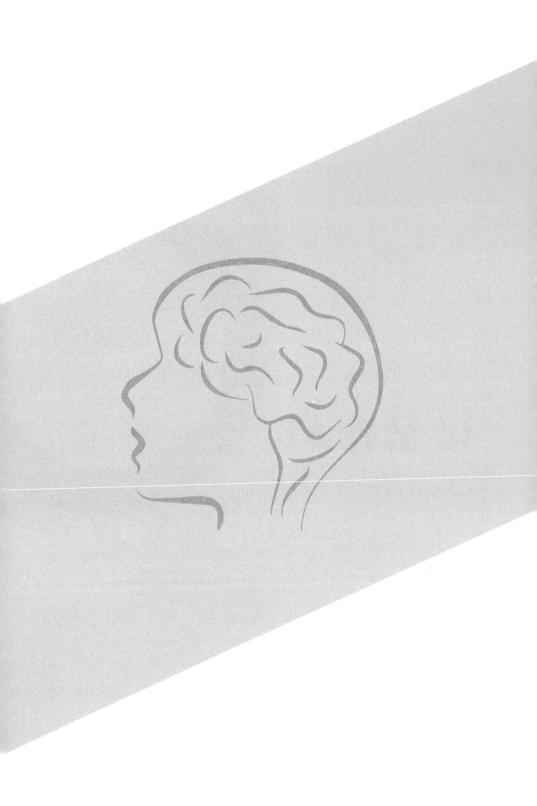

4.1　快速数字

惠忠萍

成绩：原始分 / 标准分 320/585

感言：天下"武功"唯快不破

荣誉：世界记忆大师（IMM）

2015 年第 24 届世界记忆锦标赛中国城市赛儿童组第 3 名

2015 年第 24 届世界记忆锦标赛中国城市赛儿童组快速数字项目铜牌

2016 年第 25 届世界记忆锦标赛中国城市赛儿童组第 3 名

2018 年第 27 届世界记忆锦标赛中国城市赛儿童组快速数字项目金牌

受邀节目：江苏卫视《了不起的孩子》, 河南卫视两届《你最有才》

编码方法

使用一组记忆宫殿 30 个定点，一个定点 8 个数字，2 个数字为一个图像。比如，32698504 这几个数字就可以这样编。首先是32，我们称他为动画片里的三儿子，就叫三儿子；然后是 69，谐音是：鹿角；再是 85，谐音是：芭蕾舞；最后是 04，谐音是：零食。这样就可以编成一个小故事：三儿子拔了鹿角非常开心，就跳起了芭蕾舞，还吃着零食。通过这样编码，并且把它们都放在定点里，这样就记住了。

记忆方法

把图像编成故事，并把故事情节想象得生动、有趣，便于记忆。

训练方式

把数字转换为特定的图像，和定点编在一起记忆。

提升技巧

温故而知新，重复训练，每一次都要认真对待。因为快速数字这项比赛的时间只有 5 分钟，所以最好一遍成型，不断突破。

孔金兰

成绩：　原始分 / 标准分　470/859
感言：　给编码加点"特效"
荣誉：　特级记忆大师（GMM）
　　　　2018 年第 27 届世界记忆锦标赛中国·清远城
　　　　市赛总冠军

编码方法

我主要采用两位数编码，数字编码从 01～100 共 100 个。

准备快速数字记忆项目的桩（以下简称"快数桩"），可以储备四组到六组，一组 33 个左右，实际一组使用 30 个，多余的桩做备用。找桩按空间顺时针或逆时针方向进行，当在训练过程中遇到有的桩不好用时，可以用备用的桩补上，这是一个常用的技巧。另外，桩与桩之间的距离要适当，从一个桩到下一个桩，建议画面的角度不宜变化太大，从什么角度移动过去的就选取什么角度，不用刻意为了把桩想象得好看而随意变换角度。

记忆方法

快速数字这一项目讲求又准又快，要达到这样的程度，必须经过长期的持续训练。记忆也是一个循序渐进的过程，先从 40 个开始起记，能全部记对并且记忆时间能压缩在 50 秒以内，便可以上升到 80 个一组进行记忆，之后是 120 个一组、240 个一组……不断提高自己一遍过的记忆能力，这是训练需要达到的效果。平时训练的话，所有的快数桩，每天都可以训练记一遍数字，可 3 天左右自测一次成绩，适应 5 分钟记忆的节奏和检测自己的水平，我在测试或者是比赛的过程中，会记忆两遍，如果你对自己一遍过的记忆能力足够自信，可以只记一遍。现在快速数字的世界纪录水平，已经达到 600 多个数字，顶级选手记一遍的能力都非常强，有时他们能做到 600 多个数字记一遍全对，记一遍会是以后快速数字项目的大趋势，要达到这样的水平，当然是靠自己平时稳扎稳打。我个人的水平是 5 分钟准确记忆 520 个数字，记两遍，一开始记 480 个数字，记完之后复习一遍，再记最后 40 个，复习一遍，5 分钟时间刚好。快数记忆的过程中，包含了很大成分的瞬时记忆，所以复习的策略对记忆效果影响非常大，这就要求必须在自己训练的时候，找到一个非常适合自己的复习策略，在正式比赛的过程中才可以把握好节奏。

训练方式

根据编码的方式——谐音、特殊意义，以及一些少量自己设定的编码，把编码和对应的图像先牢记，熟悉到看见数字可以很快反应出图像，之后再尝试进一步记忆，这个时段可以用一开始接触的记忆方法来记，比如锁链记忆、数字桩记忆、身体桩记忆、故事法记忆，感受一下运用编码之后数字记忆水平的大跨度提升，同时找到数字记忆的乐趣，建立自信心。这之后尽可能找自己的教练，或是已经是记忆大师的朋友，看看他们的编码图像以及最重要的主动动作和被动动作。这么做并不是说要找很多套编码图像，而是找一套自己感觉好的定点参考和借鉴学习，过程中可以换掉一些不好用的编码，并且把自己编码的主动和被动动作确定下来。这么做有点儿像将自己的"大师之路"建立在巨人肩膀上，因为一开始，对于一个世界记忆锦标赛项目训练的新手来说，把100个数字编码以及其动作完全确定下来是有不小难度的，如果能通过教练的帮助找到一个模板，会让我们的思路变得比较清晰和顺畅，也能让我们找到一些数字记忆的灵感，个人认为，找一个教练对刚开始接触记忆竞技的人来讲，会是一个比较高效的方法。

在确定编码主动动作和被动动作方面，需要特别注意的是动作最好不要重复，确定动作的方法主要是根据编码的属性，比如数字"10"的编码是"棒球"，它的动作就是打，数字"30"的编码是"三轮车"，可以是碾压或者是撞，这样比较符合编码本身的特性，编码的确定和记忆会比较快。

编码的确定以及动作的确定，这是开始正式训练之前一个非常基础但又很重要的环节，接下来就可以进入记忆训练环节。刚开始训练时，我们能记忆的量和记忆的速度都非常有限，可以多花一些时间在读数（编码出图）和联数（编码联结）方面，读数帮助我们进一步熟悉编码图像，提升反应编码图像的速度，联数可以充分找到编码与编码之间作用的感觉，前期的读数和联数，可以以半页或者一页为单位进行训练，这段时期读数和联数速度的提高，可以在很大程度上提高记忆的速度，一般来说联一页的速度能较快达到10分钟以内的水平。

训练的技巧有很多，在记忆竞技这一块儿，每个人的感受可能都不太一样，但是只要找到适合自己的方法坚持下去，一定会有收获。训练方式包括最佳记忆时段、最佳记忆量、最佳记忆节奏等多个方面。另外，训练中有几个常见误区，当我们开始记忆大量数字的时候，可以说已经对编码和桩比较熟悉了，所以有时候看编码图和地点桩就会比较懈怠，这是不可取的。长时间不看图像会造成编码模糊，编码和桩需要勤看，以保证大脑中编码图像的清晰程度。

提升技巧

快速数字记忆水平达到 200 个之前，图像感是很清晰的，准确率也相对较高，所以一定要牢牢抓住这种稳稳的记忆感。在 200 个之后，由于记忆的长度在不断增加，记忆的难度并不是简单地随长度的增加而增加，这时候出错率可能会突增。我们需要寻找一些技巧帮助自己提高成绩，大的方向还是对编码和桩的优化，我采取的方法主要是对编码加特效以及加深记忆，有些易错的编码也不用都换掉，可以给它换个动作或是通过加特效的方式优化。在长时间训练以后，有些桩不管你记什么都很容易错，似乎已经形成了惯性，这时候就需要特别注意这个桩，可以在记完之后把这个桩标记出来，下一次记忆之前预习桩的时候，在记数的过程中，它会就会引起你的特别注意，可以通过这种方式把错误改正过来。

4.2　马拉松数字

张颖

成绩：　原始分 / 标准分　3260/1008

感言：　重视"一遍记"的能力

荣誉：　国际特级记忆大师（IGM）

2017 年第 26 届世界记忆锦标赛中国·北京城市赛总冠军

2018 年亚太记忆公开赛总冠军

一年内 4 次打破世界纪录，吉尼斯世界纪录保持者

中央电视台一套《挑战不可能》荣誉殿堂选手

编码方法

数字编码是从象形、谐音、逻辑等方面考虑，我构建了一套适合自己的好用、高效的编码，花了很长时间尽可能地让每个编码从外形和特点上呈现不同，这样从看图像第一眼就容易区分；足球和篮球外形很像，就不能用，因为当我们用眼睛看的时候，虽然容易分辨，但当在大脑中成像时，图像就会变得模糊，当速度越来越快的时候，很容易就弄混淆了。

我的每个编码的动作也是经过深加工的，让它尽可能地简洁、易区分。比如说我的 20 是摩托车，动作是从右往左撞，还带着一点飙车的感觉；84 是巴士，动作是从左往右撞，感觉是巴士没刹住车导致撞上了，虽然动作都是撞，但是我们可以从外形、方向、感觉 3 个维度进行区分。

这套编码的制作也是经过专业设计的，风格统一，非常适合初学者使用。

记忆方法（包含复习方法）

我在记马拉松数字的时候，不管长时或短时，都是从头看到尾。2018 年世界赛，马拉松数字项目中我把试卷上所有的数字都记完了，正确记住 3260 个数字，打破了 ALEX 保持的世界纪录。我的记忆方法是从头记到尾，然后再复习第二遍，剩下的时间才会看第三遍，不过一般情况下，我看完两遍就有足够的把握了。

训练方式

从学习编码和地点桩开始，就要做好细节工作，因为这是最基础的。开始记忆训练之后，要在保证准确率的前提下提速，同时要十分重视一遍记的能力，这对马拉松数字记忆能力提升有非常大的帮助。记 1 行数字的时候，你先做到 10 行里面有七八行都是对的，那就证明你达到了一定的记忆水准，这时候你再想办法提升速度。

当我们记 1 行数字的准确率和速度都不错的时候，我们就可以开始增加 2 行一遍的训练，依次往上升，比如说记 3 行、6 行一遍，甚至做到半页一遍，能做到半页一遍然后准确率还不错的话，那么马拉松数字是不可能有问题的。

提升技巧

马拉松数字记忆能力的提升一定是个循序渐进的过程，千万不要想着能极速提升。一定要重视一遍记的能力，一遍记的能力强了才可以打开记忆宽度，才可以保证马拉松数字记两遍也可以有很高的正确率。

4.3 快速扑克牌

周世懂

成绩：	原始分 / 标准分 26.750/798
感言：	飞一般的感觉
荣誉：	世界记忆大师（IMM） 抽象图形项目儿童组世界纪录保持者 2018 年第 27 届世界记忆锦标赛中国总决赛儿童组第 5 名 2018 年第 27 届世界记忆锦标赛全球总决赛儿童组第 3 名 受邀节目：中央电视台一套《挑战不可能》

编码方法

把 52 张扑克牌分别转换为 52 个相应的数字编码。

编码规则	黑	红	梅	方
A	11	21	31	41
2	12	22	32	42
3	13	23	33	43
4	14	24	34	44
5	15	25	35	45
6	16	26	36	46
7	17	27	37	47
8	18	28	38	48
9	19	29	39	49
10	10	20	30	40
J	51	61	71	81
Q	52	62	72	82
K	53	63	73	83

记忆方法（包含复习方法）

快速扑克牌和快速数字类似，都是把两个编码联结后放到一个地点，扑克牌就是两张牌放一个地点。开始可以一次记20张，相当于一行数字的量，完全记对了，并且记忆时间达到2分钟以内，再记一整副扑克牌。记忆一副扑克牌在2分钟以外，这一阶段获得的进步呈现跳跃式，靠的就是对编码的熟悉程度和无条件的自信。

快速扑克牌训练流程：出图—联结—记忆。出图训练作为初期学习熟悉编码之用，出图一副达2分钟左右时，或者出图和联结速度相当时，就可以不再进行出图训练，转而把重点放在联结和记忆上，其中又以记忆最重要。

训练一开始以半副牌为单位，每半副牌出图须清晰、完整、立体、生动，找对记忆的感觉，然后把记忆过程中相对反应慢的，觉得不顺的编码记到笔记本上，多琢磨、多思考。不断地练习记忆半副牌，训练顺畅了马上加到一副，一副是训练的最小单位，待记忆一副牌比较顺畅了、不卡壳了，加到两副，以此类推，一直加到10副、20副，甚至50副，量大出精品，熟能生巧。入门后，每天保持20副扑克牌的出图训练。联结时可用前一张牌的编码作用于后两张牌的编码，出图和联结是为记忆服务的，不能本末倒置。

训练方式

数字和扑克牌穿插训练，比如上午记忆2页数字，再联结50副扑克牌；下午记忆10副扑克牌，再联结5页数字，这样的好处是不同材料交替出现，大脑有新鲜感，可有效防止疲劳。同时，分段多次训练，能够更好地增强不同项目的编码对大脑的刺激，不同时段多次练习，在持续和多次训练之间找到平衡。在间隔时间也可听听脑波音乐，让大脑放松一下。

提升技巧

每天以一副扑克牌为单位，记10副，以准确率为先，每次都要用秒表记录时间，做好登记，对忘记的编码要做好总结，在训练中不断进步。

快速扑克牌项目的能力提升，关键在于速度和准确率。记忆一副扑克牌的时间在1分钟以内就要开始考虑加入一些技巧了。到了这个水平，熟悉程度一般不会有问题，有问题的很可能是编码本身——图像或者联结方式太复杂，所以需要优化编码，简化地点桩系统，同时，保持平稳的心态，无条件的自信，保质保量的训练，多管齐下，才能最终达到最佳记忆的效果。

王玉

成绩： 原始分 / 标准分 23.829/870

感言： 为了梦想，坚持到底

荣誉： 世界记忆大师（IMM）

亚洲记忆大师

2018 年第 27 届世界记忆锦标赛中国·清远城市赛总亚军

2018 年第 27 届世界记忆锦标赛全球总决赛快速扑克牌项目铜牌

编码方法

把扑克牌转化成数字编码。

♠代表 1，♥代表 2，♣代表 3，◆代表 4，花色代表的数字在前，牌面的数字在后，所以，这 4 个花色的 A～10，就分别对应 11、12～10；21、22～20；31、32～30；41、42～40。

这 4 个花色的 J～K，J 代表 5，Q 代表 6，K 代表 7，与 A 到 10 相反的是，♠♥♣◆代表的数字在后，JQK 代表的数字在前，也就是 J 的 4 个花色分别对应 51、52、53、54；Q 的 4 个花色分别对应 61、62、63、64；K 的 4 个花色分别对应 71、72、73、74。具体对应关系如下：

扑克牌编码表

牌名	黑桃♠	红桃♥	梅花♣	方块◆
A	11 筷子	21 鳄鱼	31 鲨鱼	41 蜥蜴
2	12 椅儿	22 双胞胎	32 扇儿	42 柿儿
3	13 医生	23 和尚	33 星星	43 石山
4	14 钥匙	24 闹钟	34 三丝	44 蛇
5	15 鹦鹉	25 二胡	35 山虎	45 师傅
6	16 石榴	26 河流	36 山鹿	46 饲料
7	17 仪器	27 耳机	37 山鸡	47 司机
8	18 腰包	28 恶霸	38 妇女	48 石板
9	19 药酒	29 饿囚	39 三角龙	49 石球
10	10 棒球	20 香烟	30 三轮车	40 司令
J	51 工人	52 鼓儿	53 午餐	54 武士
Q	61 儿童	62 牛儿	63 流沙	64 律师
K	71 机翼	72 企鹅	73 花旗参	74 骑士

我记忆扑克牌是用记忆宫殿的方法，每张牌都有固定的编码（编码方法见上表），而且每个编码都有固定的动作，即作用于后面一个编码的动作，每两个编码放一个地点桩，比如：

♣K（73）编码是花旗参；

◆Q（64）编码是律师；

♥8（28）编码是戴着拳击手套的恶霸；

♠5（15）编码是鹦鹉；

◆4（44）编码是蛇；

◆10（40）编码是司令；

……

记忆方法

♣K◆Q：用花旗参的根须（♣K）缠住沙发上的律师（◆Q）；

♥8♠5：戴着拳击手套的恶霸（♥8）打台灯上的鹦鹉（♠5）；

◆4◆10：一条蛇（◆4）在撕咬地毯上的司令（◆10）；

……

我开始训练的第一个月只训练数字，第二个月才开始训练扑克牌，这时候已经有了一个不错的数字基础。

扑克牌的训练主要是编码出图、联结、定桩。与很多人不同的是，我只有训练内容，没有训练目标，比如在最开始训练扑克牌时，我每天出图 20 副，联结 20 副，记忆 2 副，每天保质保量完成训练任务，做好记录，并进行分析和总结。我并不太在乎有没有进步，但是事实上，进步很自然就发生了，就这样练了 1 个月，我的最快纪录达到 1 分 36 秒记对一副扑克牌，平均水平是 2 分钟左右。接下来，我的训练计划调整为每天联结 30 副，记忆 5 副，这样又训练了 1 个月，我的最快纪录达到 54 秒记对 1 副扑克牌，平均水平在 1 分半以内，有时 1 分十几秒，有时 1 分 20 多秒。按照这个计划，又练了 1 个月，我的最快纪录已经达到 46 秒，平均水平已经在 1 分钟以内了。这时候，我又加大了训练量，每天联结 40 副，记忆 7 副，这样练了 1 个月最快纪录达到 37 秒，平均水平大概在 45 秒左右，之后一直到记忆一副扑克达到 20 多秒的水平，我的训练计划一直都没有调整，所以我的整个过程其实一直是伴随着巨大的成就感，因为没有目标，也就不会给自己造成压力。

整个训练的过程中，有几点很重要。

（1）有量还要有质。我在开始训练之前，一定会准备好工具，比如扑克牌、计时器、帽子、耳塞、笔记本、笔，等等，手机声音调为静音，电话设置呼叫转移，戴好帽子，戴好耳塞，让自己稍稍紧张起来，用比赛的状态来训练。比如，我的训练计划是一天联结 30 副，我就坐着一口气联结完 30 副才结束（以一副为单位来记录时间），当然，刚开始没办法坚持这么久，那就慢慢往上加，总之不要只追求量不追求质。

（2）不要在同一个地方跌倒两次，只练不想也是白练。每一次记忆都以自己可以做到的最快的速度去做就好，只要出来的结果一副错10张以内，这个速度就是可以的。那么，这些错误的地方就是我进步的垫脚石，我会非常认真地思考为什么没有记住，是编码的问题，还是地点桩的问题，又或者是动作的问题。如果是编码和动作的问题，就要去优化编码；如果是地点桩的问题，就要去优化地点桩。找到问题并解决问题，进步就会是自然发生的事情了。

（3）锻炼身体，为训练插上隐形的翅膀。我每周会去4次健身房，进行两次体能训练、两次有氧运动。锻炼，不但可以让我们有健康的身体来支持训练，它还可以及时清除体内的负面能量，让我们有一个更积极向上的心态。

提升技巧

事实上，我的训练之路也并不是完全一帆风顺的，我在记忆达到30多秒的时候，经历了严重的瓶颈期，很长一段时间都没法突破。我开始怀疑自己，是不是已经到达了能力上限。每天的训练质量也严重下滑，我甚至感觉自己只是在完成任务，于是就和一起训练的朋友交流，交流的过程让我收获很大：第一，自己的训练量太小了；第二，我了解到一个新概念——带桩联结（现在得郑重申明一下，我之前提到的联结全部是不带地点的）。

我决定以后每天带桩联结100副，记忆7副，带桩联结其实就是用一组26个桩记忆100副，只记忆不回忆而已，但要记录每一副联结的时间，这样就可以在用桩很少的情况下，加大训练量，这种方法的重点是要告诉自己在记忆，而不是单纯在联结。记完以后，可以拿出前一张牌，如果能想起后面一张牌，就说明这个速度是可以的，这个训练是有效的，否则为无效联结，只是在浪费时间。用这种方法训练了半个月后，我终于进了30秒内，一直到

2018 年第 27 届世界记忆锦标赛全球总决赛，我都保持这个训练计划，最终在快速扑克牌项目中以 23.829 秒的成绩获得了成年组第 3 名。

张兴荣

成绩：　原始分 / 标准分　22.448/910
感言：　保持稳定进步的节奏感
荣誉：　国际特级记忆大师（IGM）
　　　　2017 年第 26 届世界记忆锦标赛中国·北京城市赛总冠军
　　　　2017 年第 26 届世界记忆锦标赛全球总决赛第 7 名
　　　　受邀节目：央视《挑战不可能》，荣获"记忆挑战王"

记忆方法

很客观地说，在快速扑克牌这个项目的众多高手中，在速度上我并不是特别突出，我的优势在于成绩一直比较稳定，比赛时也很少失利。

我在快速扑克牌项目上稳定性比较高的一个原因是采用了情感记忆法。我在记忆的时候不仅能"看"到图像，还会加上一点情感、逻辑或者故事性。比如用针扎了一下牛，我会感觉牛特别疼、特别痛苦，甚至还会"听"到牛喊了一句"谁在扎我？！"用筷子夹住老鼠，我会不由自主地感觉到一种特别软的触感以及很恶心的感觉。用柳条抽打筷子，虽然筷子没有生命，但是看着都疼。用剪刀剪断二胡弦，我会想到伯牙绝琴……这一系列的情感增强了我记忆的稳定性。

有没有想过，我们为何能记住东西呢？在我看来，联结与地点的关系就是演员和舞台的关系，一个个主角在地点上演绎了一个个故事，当我们所"看"到的一幕幕画面足够生动好记，正确率自然会高，如果"看"到的图片都是非常呆板的机械碰撞，那感觉就像把一个个呆板的数字改成了死记一幅幅图像，那么很有可能会记不住，所以说联结的生动程度，会影响记忆的正确率，在此基础上如果再与地点联系得更紧密一些，那就更好了。

当然这种记忆模式也并不一定适合每一个人，有些读者就会觉得我的这种记忆方法太复杂、赘余。总而言之，大家可以多做尝试，根据自己的喜好，找到适合自己的方法，早日达到自己的目标！

训练方式（包含提升技巧）

接下来，这篇分享也会着重从如何提高记忆快速扑克牌的稳定性来讲解我的方法。我将之归纳为快速扑克牌训练的 5 个阶段。

（1）第一阶段。在上手快速扑克牌的时候，有的人可能一开始用五六分钟就能记住一副牌，有的人可能要十几分钟，但这都不要紧，从 10 分钟左右到进入 5 分钟，靠的都是熟练度。只要你的训练量够大，很容易就能够在 5 分钟内记住一副牌。从 5 分钟进入两分钟的过程也是比较容易的，在这个阶段，我分享一个技巧：可以先尝试记 20 张牌，当记忆 20 张牌的时间缩短之后，记一副牌的速度也就上来了，为什么是 20 张而不是 26 张？因为同样的 30 个地点，记 20 张牌可以练 3 次，记 26 张只能练 2 次。

（2）第二阶段。在快速扑克牌的记忆过程中，我认为是以一分钟为分水岭。在快速扑克牌没有进入一分钟之前，可以通过大量联结将速度提升至一分钟内。具体细节：饭前、饭后各联结 10 副，每天保证至少 60 副的联结量，然后辅以 3～6 副进行记忆，这样就水到渠成了。当然，盲目训练是不行的，训练过程中遇到一些很别扭或者感觉很难记的联结要在事后想想如何去优化。我遇到一些很能激发灵感或者很别扭的联结都会记录下来，并经常复习。能够激发灵感的联结经过复习，以后记忆就可以突破 1 秒 4 个，经过复习，看多了就感觉也不那么别扭了。

（3）第三阶段。在快速扑克牌能够稳定在一分钟左右的时候，就可以开始进行宽度练习，以两副一遍为单位训练，当两副牌能够在两分钟左右大概全记对时，就可以进行 3 副一遍的训练。虽然我是在练习宽度，提高马拉松扑克牌成绩，但是这种宽度训练能够让我有种记一副扑克牌是非常容易的感觉，所以就敢放心大胆地冲速度，速度也会有所提升。所以说训练快速扑克牌的第三个阶段是通过马拉松扑克牌来带动。经过这样的训练后，就不太容易失手。个人不太建议一直练习快速扑克牌横冲直撞刷进 20 多秒，那样看起来是很快，其实效果非常不稳定，而且会影响马拉松扑克牌的发挥，很少有那种记忆快速扑克牌速成之后，马拉松扑克牌成绩还不错的，这也是我的一个教学经验。

（4）第四阶段。经过第三阶段的训练，快速扑克牌能够很稳定地保证在30多秒不失误，但如果想突破进30秒可能会比较难，这时候有两个思路：一个思路是大量联结扑克，一副牌联结时间控制在20秒以内，记忆成绩就比较容易进入30秒；另外一个思路是提高快速数字水平，如果5分钟能够记到500个数字以上，那么20多秒记一副扑克牌也是比较容易的。

快速数字练到500个以上的水平并不容易，所以如果这个阶段的项目还没有练起来，还可以考虑去练别的项目，但如果实在想要冲刺快速扑克牌的成绩，那就继续攻克。

（5）第五阶段。在快速扑克牌最终能够进入30秒内后，就要考虑提高稳定性，让自己在任何地方都能发挥出20多秒的水平。接下来，就进入第五个阶段。我的具体方法是在比赛前两周，每天都自测一轮，轮流使用两组地点。用中等偏快的速度记忆，这种情况下并不能保证总是全对，但一般也不会失误，我就这样练了两周，发现时间误差控制在1秒以内，而且很少失手，我就知道自己在比赛中也能够发挥出这个成绩了，结果证明我的训练思路是正确的，比赛时我第一轮用时23秒，和平时自测第一轮的成绩误差在1秒内，而且记完后还很顺利地全部都回忆起来了。

我平常在训练快速扑克牌的时候，不会让自己去冲刺很快的速度，因为冲刺成绩具有很大的偶然性，而且容易破坏节奏感，节奏感被破坏后，有时候会出现怎么记都记不住的情况。我更倾向于稳定进步，快速扑克牌对很多人来说，有时候很容易两轮都错，所以有时不如选择以退为进，先将自己立于不败之地再说。

4.4　马拉松扑克牌

惠忠萍

成绩：　原始分/标准分　946/485

感言：　用马拉松的精神来破你

荣誉：　世界记忆大师（IMM）

2015 年第 24 届世界记忆锦标赛中国城市赛儿童组快速扑克牌金牌

2018 年第 27 届世界记忆锦标赛全球总决赛儿童组第 4 名

2018 年第 27 届世界记忆锦标赛全球总决赛儿童组马拉松扑克牌银牌

编码方法

使用一组记忆宫殿 30 个定点，一个定点 2 张扑克牌，一张扑克牌 1 个图像。扑克牌牌面上有黑桃、红桃、梅花、方片 4 个花色，还有 K、Q、J。

我的编码方式是：黑桃（♠），黑桃上有一个尖，那么就代表 10，假如扑克牌是黑桃 3（♠3），也就是 13；然后是红桃（♥），红桃上有两个半圆，那么就代表 20；在梅花（♣）上有 3 个半圆，那么就代表 30；最后是方块（♦），方块有 4 个尖，那就代表 40。

接下来是 K、Q、J，我用耳熟能详的历史人物和四大名著中的人物角色来给它们一一编码。首先是 K 与《三国演义》，黑桃 K——刘备，红桃 K——关羽，梅花 K——张飞，方片 K——赵云；然后是 Q 与中国古代四大美女，黑桃 Q——王昭君，红桃 Q——貂蝉，梅花 Q——西施，方块 Q——杨贵妃；最后是 J 与《西游记》，黑桃 J——唐僧，红桃 J——孙悟空，梅花 J——猪八戒，方片 K——沙僧。

记忆方法

把图像编成故事，并把故事情节想象得生动、有趣，便于记忆。

训练方式

把数字转换为特定的图像，和定点编在一起记忆。

提升技巧

温故而知新，坚持不懈地训练，每一次都要认真对待。

马拉松扑克牌这个项目的记忆总时长是 1 小时，一组记忆宫殿 60 张扑克牌，但一副扑克牌是 52 张牌（大小王除外），所以就记 26 个定点。14 副扑克牌正好达到这个项目对"记忆大师"的要求。但仅记住 14 副扑克牌，万一准确率较低，风险就较大。所以我推荐记 18 副扑克牌，每 6 次进行一轮复习（可根据自己的实际情况进行调整）。

李莹

成绩： 原始分 / 标准分 1332/854

感言： 不忘初心，方能始终

荣誉： 世界记忆大师（IMM）

特级记忆大师（GMM）

2017 年第 26 届世界记忆锦标赛全球总决赛马拉松扑克牌项目银牌

2018 年第 27 届世界记忆锦标赛中国·新疆城市赛总冠军

2018 年第 27 届世界记忆锦标赛中国总决赛少年组第 3 名

编码方法（包含记忆方法）

扑克牌记忆首先需要编码。编码其实就是代码，扑克牌的代码来自数字的代码转换，黑桃（♠）代表 1，红桃（♥）代表 2，梅花（♣）代表 3，方片（♦）代表 4。黑桃 A 就是 11，11 在数字代码中是筷子，所以 ♠ A 就是筷子，依次类推，一一编码。记忆扑克牌的方法大家或许都了解一些，最普遍的方法是将两张牌放在 1 个地点桩，而我的扑克牌记忆从开始学习时就是 4 张扑克牌 1 个地点桩。当时教练说这个方法适合儿童，儿童的想象力丰富，最适合画面不断变化组合，所以直接联结成 1 张图像和地点桩组合在一起。这样，1 副扑克牌只需要 13 幅图，13 个地点桩，省时省力。而且寻找地点桩本身对儿童也有难度。

我现在马拉松扑克牌的记忆节奏是记忆 10 副，复习一遍；再记忆 10 副，复习一遍；再记忆 10 副，复习一遍；最后再记忆 10 副，复习一遍。最后留下的两副，属于冲刺阶段。目前为止，我一个小时可以记忆扑克牌 40 副左右。关于量的突破我觉得关键是一遍过。我以前一个小时记忆 12 副左右的节奏是：前 4 副记忆一遍，复习一遍；再记忆 5～7 副，再把 1～7 副整体复习一遍，8～12 副记忆一遍，最后将 1～12 副进行总体复习。为什么 8～12 副只记忆一遍？是因为当时大脑已经进入状态了，只需要记忆一遍就可以完全记住。任何人在训练的时候都需要让自己慢慢适应这种一遍过的感觉和速度状态。

训练方式

其实马拉松扑克牌的训练方式很简单，只要你联结速度够快，达到一定的水平，成绩自然就提高了。基本功很重要，我一般会规定时间来要求自己快速联结。每天练习一气呵成快速联结 10 副扑克牌，不用放地点桩，把每张图像组合得真实、鲜活，仿佛置身其中，身临其境。其次就是练习一遍过。多多训练快速联结和一遍过这两个基本功，对提高水平有很大帮助。

为什么在记忆马拉松扑克牌的过程中有时候感觉会混淆？那一定是你泛化了，泛化即自我感觉联结记忆得很好，其实未必，记忆变化其实还不够精彩，不够多样化，往往还没有把扑克牌代码的特点进行更具体的组合。

比如，♠8是一巴掌，我运用的特点是"长指甲"，锋利的指甲抓在光滑坚硬的地方会发出刺耳的声音并带来疼痛的感觉，这样用力抓的具体特征就明显了，记忆也就深刻了。当然，我的♠8不止这一个特点，兰花指、降龙十八掌（可以自行想象影视画面），或者任何有联系的东西。只有这样，总是推陈出新，才能促进每个代码深化、转换，大脑就永远觉得在尝新，大脑的特点就是喜欢新奇、好玩、神秘、出乎意料的事物。那么每天晚上睡觉前你要想象具有每个代码特点的成像，这样可以找到更多新的特点和感觉。如果你一直运用一个特点，那么重复多了，大脑就会倦怠。就好比每日三餐都吃同样的菜肴，一两天可能还会喜欢吃，如果坚持吃一个月，你还会喜欢吗？看到那些饭菜的第一反应肯定是抵触。这其实和记忆是一样的，如果你一直用一个特点，会让你厌烦。所以，和抽象图形一样，变化才是法宝，变则通，通则畅。

提升技巧

首先是赛前的一分钟准备，把地点桩想象成你的朋友，扑克牌是小精灵，大脑会接收到你的指令。然后和自己做个关于爱的联结，可以告诉它们："下面我要开始记忆马拉松扑克牌了，我需要挑战 ×× 副扑克牌，我相信我一定可以挑战成功，它们会完全正确，我相信我自己。"这是信念传输和冥想放松。最后让自己做深呼吸，进入最佳状态。

对于很多儿童来说，会觉得马拉松扑克牌很难、很辛苦、耗费脑力，不敢练习太多。在开始练习时，潜意识会给自己压力。我的经验告诉我，千万不要抱有这样的想法，这样会阻挡你突破。做任何事一定不要先把难放在前面，要这样鼓励自己：我又有机会可以挑战了，这一次我要突破多少？这简直太好玩、太有意思了！只有这么想，才会凡事必有利于自己，自己的信念最重要。我经常在训练的时候通过冥想为自己蓄能，仿佛集天地万物的能量于一身。身心合一达到最好的状态，并很享受记忆的过程。

张颖

成绩：　原始分 / 标准分 1664/1067

感言：　"Stay Simple，Stay Foolish"

荣誉：　国际特级记忆大师（IGM）
2017 年第 26 届世界记忆锦标赛中国·北京城市赛总冠军
2018 年亚太记忆公开赛总冠军
一年内 4 次打破世界纪录，吉尼斯世界纪录保持者
中央电视台一套《挑战不可能》荣誉殿堂选手

编码方法

扑克牌的编码就是从 100 个数字编码中选取出来的，数字编码如果练得很好，那扑克牌编码肯定也是很熟练的。但是最开始训练的时候肯定有转换的过程，我们一定要尽快去掉任何的中间转换环节，看到扑克牌能马上反应出图像，这样才可以很快提速。

记忆方法（包含复习方法）

马拉松扑克牌的记忆方法和马拉松数字一样，都是从头记到尾。因为我只要看两遍就能够保证很高的正确率，所以我每一遍的记忆速度都不快，但是要保证记得牢。当我看第二遍的时候，不是去回忆，而是正常记忆，因为如果去回忆就会打乱记忆节奏，节奏感在记忆的过程中也是非常重要的，这跟体育竞技运动员的节奏感比较像。

训练方式

我开始练习马拉松扑克牌的时间比较晚，当数字项目一遍记的能力和快速扑克牌成绩都练得还不错的时候，我才开始练习马拉松扑克牌项目。

先从 2 副一遍开始，然后 3 副一遍……一直到 8 副一遍，后面因为准备比赛就没有再加大一遍过记忆的强度。通过这种训练方式，我就可以做到从头记到尾。

如果你记 10 副扑克牌，每看完两副就要复习一遍，而别人可以看完 10 副才复习，那就意味着，同样的内容你要记三四遍，而别人只需记两遍。10 副还不算多，更有甚者 20 副或者 30 副都不在话下。总而言之，一遍记能力强的人优势特别大，能达到的水平也会更高。

提升技巧

跟数字记忆不一样，记忆扑克牌的过程需要用手辅助，所以推牌的节奏很重要。推牌最好做到匀速，这样匀给每一个地点桩上的牌的记忆时间都差不多。推牌的时候不要着急，避免出现有的牌还没看到就被推过去了，保持节奏顺畅很重要。

4.5　二进制数字

张兴荣

成绩： 原始分/标准分 4713/811

感言： 找到适合自己的记忆策略

荣誉： 国际特级记忆大师（IGM）

2018 年第 27 届世界记忆锦标赛中国总冠军，打破 30 分钟数字项目世界纪录

2018 年第 27 届世界记忆锦标赛全球总决赛成人组第 3 名，打破半小时二进制数字项目中国纪录

编码方法

二进制数字记忆和数字记忆的本质是一样的。我们将二进制数字转化为熟悉的十进制数字，这样就等于是在记我们最熟悉的数字，那记忆的速度自然就会很快。通常竞技选手的方法是将每三个二进制数字转化为一个十进制数字：

000：$0+0+0=0$

001：$0+0+2^0=1$

010：$0+2^1+0=2$

011：$0+2^1+2^0=3$

100：$2^2+0+0=4$

101：$2^2+0+2^0=5$

110：$2^2+2^1+0=6$

111：$2^2+2^1+2^0=7$

这里就不过多解释背后的算法了，对于不太熟悉这种算法转化的选手，也可以采用联想的方法记下它们的对应关系。

000 对应 0，这个很好记。

001 对应 1，这个也很好记。

010：看起来有点像一双眼睛之间有一个鼻梁，眼睛是一双，所以记住是 2。

011：将 0 看作一个人头，11 分别看作一个人的手和脚。整体看起来有点像一个人匍匐着身体，在敬佛上香。而上香一般都是上三柱的，所以我们就记住了二进制数字 011 对应的是十进制数字 3。

100：其实可以被看成十进制的 100，联想到 4×100 的接力赛，所以二进制数字 100 对应的是十进制数字 4。

101：11 看起来像鼓的两个锤子，0 像鼓面，而鼓和 5 谐音，所以二进制数字 101 对应的是十进制数字 5。

110：我们一打 110 电话号码，小偷就会溜走，"溜"谐音"6"。

111：对应 7 也很好记，因为 111 是这 8 组数字里最大的，而 7 也是最大的。

下表是我列出的所有二进制数字编码，比十进制数字编码少很多，大家如果好好练，上手是非常快的。

二进制数字编码表

000000	001000	010000	011000	100000	101000	110000	111000
00	10	20	30	40	50	60	70
000001	001001	010001	011001	100001	101001	110001	111001
01	11	21	31	41	51	61	71
000010	001010	010010	011010	100010	101010	110010	111010
02	12	22	32	42	52	62	72
000011	001011	010011	011011	100011	101011	110011	111011
03	13	23	33	43	53	63	73
000100	001100	010100	011100	100100	101100	110100	111100
04	14	24	34	44	54	64	74
000101	001101	010101	011101	100101	101101	110101	111101
05	15	25	35	45	55	65	75
000110	001110	010110	011110	100110	101110	110110	111110
06	16	26	36	46	56	66	76
000111	001111	010111	011111	100111	101111	110111	111111
07	17	27	37	47	57	67	77

记忆方法

转化为十进制数字之后，我们就要进行大量的联结训练，训练的目的是让大脑对二进制数字的编码反应达到和十进制数字编码一样熟练的程度。

很多人二进制数字记忆成绩不好，大概就是因为对二进制数字的编码反应还远不如十进制数字那么自如。

我们主要从反应编码、联结、记忆训练这三个方面来训练二进制数字项目。

第一，要做到反应联结比反应编码速度更快。大家可能对这个不是很理解，如果你将快速数字记忆项目练到 400 个以上，你会发现，你的联结速度一定比你的出图速度更快，因为联结是 4 个数字一起看，而出图是两个数字一起看，这时候如果你再两个数两个数地看，一定会比 4 个数一起看要慢。所以说，将一个项目练习到非常高的水平之后，一定是联结比出图速度更快。所以，希望大家在这个项目上也能练到这种状态。

第二个是联结，大家在攻克这个项目的时候，可以 5 页为单位，每天联结 20 页以上，1 页的时间压缩进两分钟，这样你就可以比较轻松地做到半小时内记忆 3000 个以上二进制数字。

第三个是记忆训练。很多选手的基本功是记 1 遍的，训练的进阶大致如下：

一次记 4 行，即 120 个二进制数，练到 30 秒以内记完，10 次能够全对 5 次进入下一阶段；

一次记 8 行，即 240 个二进制数，练到 60 秒以内记完，10 次能够全对 5 次进入下一阶段；

一次记 12 行，即 360 个二进制数，练到 90 秒以内记完，10 次能够全对 5 次进入下一阶段。

然后就是一页一遍能够定在 3 分钟以内，如果说你能够将一页一遍的时间控制在 3 分钟以内记完，同时错误在 2 个地点以内的话，基本上你的二进制项目记忆量是在 4000 个以上；如果一页两遍在 3 分钟内能够记完的话，半小时记 4500 个左右是没问题的。

　　二进制数字的记忆方法和数字记忆是一样的，这里做简要示范：

　　101111 100100，地点为桌子：101111 转化为 57，对应编码为坦克；100100 转化为 44，对应编码为蛇。

　　我想象坦克从炮筒里发射出一条蛇将桌子缠绕住，或者坦克从炮筒里发射出一条蛇将桌子撞烂了。当然这只是个人的联想，有的选手可能会想象用炮筒去撞击蛇，或者用履带去碾压蛇，都是可以的，只要能够记住就行。不过一般来说，从联结效果来看，发射的动作会更好一些，因为这样更能体现坦克的特点，而且联想也比较生动，会让人印象更深刻。对于有些不太好发射的地点，也可以选择撞，一个编码有两个动作，在不产生混淆的情况下，都是可行的。

比赛训练策略

　　（1）5 分钟策略。在这里我提出 3 种方案，供读者们选择，大家可根据自身水平考虑自己到底适合哪种方案。以 5 分钟记对 1000 个二进制数字为例：

　　第 1 种方案：从头到尾看两遍，从第 1 个一直记到第 1000 个，然后再从头复习一遍；

　　第 2 种方案：从头到尾看一遍，不复习，也就是说记 1000 个二进制，从头到尾用 5 分钟只记一遍；

　　第 3 种方案：前面记两遍，后面记一遍，比如说可以将前面的 750 个数字看两遍，将后面的剩余数字看一遍，能记多少算多少。

这 3 种方案都是可行的：第 1 种比较保稳；第 2 种难度大，但上限高；第 3 种介于二者之间，大家可以根据自身水平尝试，找到适合自己的方法。记忆的方法没有所谓的最好，只有最适合，千万不要因为一味追求成绩上限而选择一些冒险的方法。

（2）30 分钟策略有以下两种方案。第 1 种方案：一页看两遍，然后第 2 页再看两遍，一直往后记到时间结束。这种方案对记忆宽度的要求不大，但是对记忆的持久度有很高的要求。对于那种速度不太快，但记忆保持时间非常长的选手，这种方案就比较适合。

第 2 种方案：两页看两遍，再两页看两遍，直到时间结束。两页看两遍的话，对大脑记忆的宽度和持久度都有一定的要求。如果你的记忆宽度不错，记忆的持久度也比较好，那可以尝试选择这种方案，而且选择这种方案的记忆保持时间相对比第一种更长一些。

第 3 种方案：从头到尾看两遍，比如，可以选择从第 1 页看到第 7 页（根据个人能力而定），然后从头再复习一遍。这种方案对大脑的记忆宽度要求非常高，对于没有经过专门的记忆宽度训练的选手，一般不建议选用这种方案。

以上 3 种方案都是针对想要在世界记忆锦标赛中挑战自己或者在这个项目上突破纪录的选手制定的，对于志不在此的选手，可以尝试下列两种方法。

第 4 种方案：前面部分看 3 遍，后面部分看两遍。比如我自己参加 2018 年世界记忆锦标赛时，前面 3 页看了 3 遍，后面 4 页看了两遍。我是把第 1 页看两遍，第 2 页看两遍，第 3 页看两遍，然后总复习一遍，接下来把第 4 页看两遍，第 5 页看两遍，第 6 页看两遍，第 7 页看两遍，然后只剩下一点点时间我就把第 8 页看了一点点。这是一种比较稳健的方式，不容易失利，适合以稳为主的选手采用。

第 5 种方案：全程看 3 遍。比如把第 1 页看两遍，第 2 页看两遍，直到第 5 页看两遍，然后总复习一遍。这种方式是最稳健的，但是上限比较低，如果只是想拿到"世界记忆大师"称号而不想追求更好成绩，那这种方式是比较理想的选择。

常见问题答疑

（1）记忆二进制数字是压模板好还是画线翻译好？

首先解释下，压模板和画线都是为了方便记忆，将二进制数字分为 6 个 1 组以区分，全是 1 和 0 容易眼花看错位，翻译是指将二进制数字对应的十进制数字写下来。

简单地说，想成为高手（半小时记忆量达到 4000 个数字以上），首选压模板直映，画线直映次之，画线翻译最次。画线，再加上翻译二进制会耽误非常多时间，对于想要在这个项目上有所成就的选手肯定是不适合的。画线直映和压模板直映所花费的时间不会差太多，但是压模板直映肯定会更快些，就算快 10 秒，也足以记住好几十个二进制数字。有的选手可能觉得压模板会反光，这个问题可以通过平时多在灯光下自测来解决，一旦适应了，到比赛时也就不成问题了。

（2）快速数字练到什么水平开始练二进制数字比较好？

最好在达到 5 分钟内记住 200 个数字以上的水平之后开始练。小于 200 个数字，说明对十进制编码联结还不太熟悉，那么练习二进制数字就更费劲了。

（3）经常在记忆二进制数字时看错怎么办？

这个是很难避免的，但是如果练习多了，看错的概率就会降低。另外，即使看错了，在复习的过程中有时也能注意到，所以尽管多练习，不用太担心。

（4）二进制数字答题时经常笔误怎么办？

这个在技术上只能通过多练习答题以减少失误，比如记完二进制数字之后，用二进制数字写答案，在写答案的过程中也能锻炼反应编码的能力，一举两得。另外，写答案时细心一些，写完答案再认真检查一遍，把每一次都当作真正的比赛看待。虽然无法完全避免这个问题，但通过练习还是能够在很大限度上降低出错的概率。

（5）二进制数字项目的正确率比较低怎么办？

正确率低主要有以下几个原因。

转化数字编码不熟练。转化不熟练导致记忆过程中大脑把更多注意力花在转化上，那么可想而知，花在记忆上的注意力就少了，因此很容易记错。

地点无图。这种情况一般是因为编码和地点的联结不够紧密，所以我们就要在事后想一想，被动编码如何和地点联结得更紧密一些？有几种方式，但核心思路是尽量让编码在地点上放置得符合地点的特点。比如，一个地点是一个斜坡，那你的编码放上去后就让它滑动一下，这样可以让大脑更精准地定位，也就更容易记住；另外，在找地点的时候尽量多找一些有特点（如裂缝、洞）、具备功能性（如桌子、沙发）、易引发感知联想（下水沟令人恶心的感觉）的地点，这样的联结会让大脑的印象更为深刻。

单个无图。单个无图有几个原因，一般来说有可能是在记忆的时候过度关注被动编码和地点导致主动编码无图，或者联结不够生动。解决的方法就是事后思考，如何让联结加入一些情感类或者逻辑性的东西，或者调整动作作用的部位，以此优化记忆效果。比如，我有个编码是剪刀，被动编码是老鼠，我就想象剪刀把老鼠的牙齿给剪了，为什么剪老鼠的牙齿呢？因为老鼠的牙齿经常啃食人类的食物，剪了它就可以防止食物被啃。这样的联想就带有一定的逻辑性，符合逻辑又有图像的话，印象会更深刻。

4.6　虚拟事件和日期

张洋华

成绩：　原始分 / 标准分　75/600

感言：　记忆训练有益双脑开发

荣誉：　世界记忆大师（IMM）

2016 年第 25 届世界记忆锦标赛中国·武汉城市赛儿童组第 1 名

2017 年第 26 届世界记忆锦标赛中国·合肥城市赛儿童组第 2 名

2017 年第 26 届世界记忆锦标赛中国总决赛儿童组第 2 名，打破了虚拟事件和日期项目的儿童组世界纪录

编码方法

我分享的编码方法是比较独特的，用的是三位数编码。因为
2016 年我在用二位数编码训练的时候，尤其在练习马拉松数字项
目时出现了串码和乱码的情况，2016 年在新加坡世界锦标赛上，
我的马拉松数字项目成绩是 960 个，非常可惜没有拿到世界记忆大
师的证书。2017 年年初，我开始使用三位数编码。三位数编码的
好处非常明显，但需要花比较多的时间并且配合正确的记忆方法才
能掌握并熟练应用。

记忆方法

记忆虚拟事件和日期时，我首先会在年代上做一下区分，因为
年代都是四位数，开头不是 1 就是 2，后面是一个三位数编码。2
开头的年代相对较少，我就直接跳过不记。只记 1 开头的年代，这样 1 就不用记忆，只要将后面的三位数编码与文字内容联结就可以了。

举例：（我用故事法串联记忆）

1424　猫和老鼠签订休战协议 ***（424——柿子树 + 猫和老鼠）
1661　"全牛宴"每席 3.8 万元 ***（661——留留言 + 全牛宴）

虚拟事件和日期项目的记忆时间是 5 分钟，即 300 秒，共有 160 道题。我一般记忆 100 题两遍，第一遍 2 秒一题，用时 200 秒，第二遍复习时 1 秒一题，用时 100 秒。状态好的时候，我会在第一遍记忆 120～140 道题，基本上是一遍过，不复习。

训练方式

我在训练虚拟事件和日期项之前，还会做一个动作，就是眼动训练，这是速读中的一项技巧。这样做可以提高捕捉文字信息的能力。然后，我会将虚拟事件和日期项目模拟卷的文字部分折起一部分，只露出 5 个字，一般情况下只看前 3 个字，如果遇到重复的，再往后加 2 个字。这样，年代和文字我就可以一眼看完。接下来，迅速用故事法形成记忆。在记忆虚拟事件和日期上，我是不定桩的。

提升技巧

在虚拟事件和日期项目上要想有所突破，首先，必须具备一定的编码熟悉度和图像再现的能力。其次，要训练快速阅读能力，练习眼球"扫描"信息的速度，并且将信息快速录入大脑中，这项训练可以在该项目中起到意想不到的作用。当然，这需要耗费较多的训练时间，只有循序渐进地练习才能最终达到从量变到质变的效果。

苏泽河

成绩： 原始分 / 标准分　111/888

感言： 打好基础，循序渐进

荣誉： 国际特级记忆大师（IGM）

2016 年第 25 届世界记忆锦标赛中国总决赛总亚军

2016 年第 25 届世界记忆锦标赛全球总决赛总季军

2017 年第 26 届世界记忆锦标赛全球总决赛总季军

受邀节目：江苏卫视《最强大脑》、浙江卫视《王牌对王牌》、中央电视台《走进科学》等

编码方法（包含记忆方法）

记忆虚拟事件和日期，除了传统拆分 4 位年代数字为两个 2 位数，进行两两数字编码联结，再跟事件进行联系的方法以外，还有其他方法可供选择。例如，三位数编码，选手可直接忽略前一个数字，直接将编码与事件联系。再例如，单位数编码特效法，忽略前一个数字，接着对两个数字进行编码，最后一个数字是特效，将 0~9 分别编码为特效（1 是头上长尖；2 是成双，变成两个，……），再跟事件联系。记忆的方法不拘一格，大家可以在摸索中找到最适合自己的方法。

对于在这个项目上采用两位数编码的选手，我个人推荐使用地点法和我自创的编码场景法，有选手使用地点法也能轻松记忆 100 个事件以上，但我曾经使用自创的编码场景法在世界记忆锦标赛的国际赛事中破过两次中国纪录，最好成绩为 128 个。下面将这两种方法与大家详细分享。

历史事件的发生年代是 4 个数字，年代范围是 1000 年~2099 年，前两个数字分别是 10、11、12、13、14、15、16、17、18、19、20，一共 11 个数字，我们可以在此基础上创新记忆方法。

1. 地点法

前两个数字共 11 个，可以分别用 11 个地点代替。

第一步，要找一组地点，即 11 个地点，要求尽量距离适中、明亮，并且方位错开，找完后填写下来：

10	门
11	鞋架
12	沙发

13	饮水机
14	小桌
15	椅子
16	鱼缸
17	电视
18	音响
19	书柜
20	空调

第二步，找好11个地点后，就开始训练数字跟地点的对应速度，比如看到10，就要想到地点门；看到18反应出音响……要跟数字读联进行一样多的训练，训练方式很简单，在心里默念10～20，大脑中随即反应出每一个数字对应的地点，并记录时间，看看11个地点的反应时间，当然越快越好，最好在10秒内完成。

第三步，尝试使用地点法完整记忆，想想这个事件采用地点法该怎么记忆呢？下面举几个例子：

1022 孔子诞辰

记忆方式：在门（10）边上有一对双胞胎（22）拉着孔子（关键词）玩。

1815 苏泽河夺冠

记忆方式：在音响（18）上的一只鹦鹉（15）飞到苏泽河（关键词）身上。

2. 编码场景法

我的编码场景法跟地点法原理相同，只不过将现实中的地点换成了根据编码虚拟的地点，10～20一共有11个数字编码，我采用的是对数字编码进行改造而成的场景地点。

第一步写下自己的编码，下面是我的11个数字编码：

10	十字架
11	筷子
12	椅子
13	针筒
14	钥匙
15	鹦鹉
16	石榴
17	手镯
18	腰包
19	衣钩
20	香烟

第二步，将编码改造成地点，想象改造有两种方式：放大和形似想象。

比如：10十字架，可以将其放大成一个地点；11筷子，形状与窗户相似，可以作为窗户使用；12椅子，可作为一个地点；13针筒，放大成垃圾桶；14钥匙，放大成坑坑洼洼的水沟；15鹦鹉，把翅膀放大作为地点；16石榴，放大成圆桌；17手镯，放大形似呼啦圈；18腰包，放大成帐篷；19衣钩，作为一个地点；20香烟，香烟着火可以被想象成一个火堆。

准备好11个编码场景，就开始训练数字跟场景的对应速度，比如，看到10就要想到地点十字架；看到12就要反应出椅子……

训练方式跟上面一样，在心里默念 10～20，大脑中迅速反应出每一个数字对应的场景，并记录时间，看看 11 个场景的反应时间，当然越快越好，最好在 10 秒内完成。

第三步，尝试使用编码场景法完整记忆，下面举几个例子：

1022 孔子诞辰

记忆方式：在十字架（10）上有一对双胞胎（22）拉着孔子（关键词）玩。

1815 苏泽河夺冠

记忆方式：在帐篷（18）里有一只鹦鹉（15）飞到苏泽河（关键词）身上。

对比可知，这两种方法所用的记忆方式其实很相似，就看你对地点的反应速度如何，既然有了好方法，当然想要记更多，训练就必不可少。

训练方式

一口是吃不成大胖子的，建议大家循序渐进地进行训练，从基础训练起，我推荐 0 基础者从 10 个一组开始训练，并记录时间，时刻见证自己的进步，正确率达到 10 个中对 7 个及以上就可以练习 20 个一组，正确率达到 17 个及以上就可以训练 40 个一组，以此类推。

提升技巧

（1）11 个地点场景反应要够快，前期多练习，以免记忆时耽误时间。

（2）事件关键词提取可以单独练习，找对感觉，并学会总结，易混词尽量不用。

（3）前期训练实在不行可以看两遍，熟练之后建议只看一遍。

胡嘉桦

成绩： 原始分 / 标准分　118/944

感言： 理解记忆，是提升记忆力的重要方法

荣誉： 世界记忆大师（IMM）

特级记忆大师（GMM）

虚拟事件和日期项目中国纪录保持者，世界排名第 4

18.88 秒速记扑克牌，获全国冠军，世界排名第 5

2018 年第 27 届世界记忆锦标赛中国·湛江城市赛总冠军

2018 年第 27 届世界记忆锦标赛中国总决赛成人组第 3 名

受邀节目：湖南卫视《新闻当事人》、河北卫视《我中国少年》

编码方法

虚拟事件、日期项目和大部分项目不同，拥有多种不同的记忆方式。到目前为止，最适合使用两位数编码选手的记忆方式，莫过于采用 11 个地点的记忆方法。因此，这里将分享如何使用 11 个地点法记忆该项目。

在练习开始之前，我们需要在一个较小的房间内寻找 11 个地点作为这个项目专用的地点。这 11 个地点的选择要比普通记忆数字的地点要求高很多。第一，寻找地点的房间要尽可能小，这样方便进行地点切换；第二，选择的地点要尽可能均匀地分布在房间的各个方向；第三，每个地点之间的起伏要足够大，尽可能不处于同一水平线上。

记忆方法

将找到的 11 个地点进行编号，第 1 个地点编号是 11，第 2 个是 12，以此类推第 9 个是 19，第 10 个是 10，第 11 个是 20。我们都知道这个项目的年代数字取值范围是 1000～2099，也就是说，开头的两位数字一共只有 11 种可能，即 11～20。因此可以将这开头的两位数分别与事先准备好的 11 个地点相对应。

只要做好了设置专用地点的准备工作，同时又对自己的 100 个数字编码相当熟悉，就可以开始尝试去记忆了。下面让我们一起来看看，11 个地点法是如何记忆虚拟事件的。

举例：1312 全世界的火山同时爆发。

要如何才能记住这个虚拟事件和日期呢？首先看到开头的两个数字"13"，在我先前找到的地点中，"13"对应的地点是桌子。接着我们再看后两位的数字"12"，将它与数字编码"婴儿"相对应。最后再看事件的各部分，从整句话中挑选出关键词"火山"，这样一来，三部分的信息就组建完成了。它们分别是：地点＋编码＋关键词。

接下来就有点残忍了，只要想象在桌子这个地点上有一座火山，一个婴儿跳进了火山，就可以完成这个虚拟事件和日期的记忆了。

需要提醒的是，很多选手经常会问这样一个问题：只使用11个地点进行记忆，这样一来每个地点上就要放置很多组信息，记忆会不会混淆？对于这个问题，我给出的答案是：当然不会，只要做几组简单的尝试就会发现，大脑可以自然而然地区分它们。

这个项目的记忆时间是5分钟，答题时间15分钟。5分钟的记忆时间其实比较短，很快就过去了，所以推荐选手们使用的记忆策略是：只记一遍。也就是说，不要花时间去复习，而是尽可能地往后记。在答题的时候，直接从前往后答即可，遇到不确定的题目可以用笔将题号圈起来，然后继续作答。等到完成所有题目之后再回过头来，思考刚才未回忆起来的题目。

训练方式

这个项目的练习方式大致分为四个部分：第一个部分是地点的熟悉程度练习。在脑海中随意地默念11～20中的任意一个数字，尽可能快地跳转到该地点，当感觉自己已经可以熟练跳转地点后，再开始第二部分的练习。

年代熟悉程度练习：这个阶段，我们只对该项目记忆卷左半边的年代部分进行练习。在看到完整的由四位数构成的年代数字后，尽可能快速地将后两位数形成的数字编码图像放入由前两位数构成的对应地点中。

关键词提取练习：这个阶段，我们只使用该项目记忆卷右半边的事件部分进行练习。在一长串的文字中，尽可能快地提取出可以形成图像的关键词，并将其出图。

记忆练习：完成了前面三步的准备练习之后，就可以正式进行记忆训练了。在5分钟的记忆时间内，尽可能多地记住每个事件对应的年代数字，并在 15 分钟的答题时间内作答。

提升技巧

这个项目有几个提升技巧，下面分享一些我的经验。

最关键的一步是确认出图的顺序。按照从左往右的阅读习惯，通常最先看到的部分是年代数字的前两位，接着是后两位，最后是虚拟事件。因此，脑海中浮现影像的顺序也是如此：先出现地点再出现数字编码，最后出现关键词图像，同时数字编码对关键词图像做出动作。

提速的关键是对关键词的选择，大部分选手最头疼的问题是无法快速提取出关键词。在这里，给大家提供几个解决的办法。首先，视幅一定要放宽，一次性可以多看几个字。其次，要固定阅读文字的方向：从左往右，在阅读的时候，一旦发现可以出图的词语便立即停止阅读，直接开始出图记忆。当记忆过程中再次出现相同关键词的时候，我们仍然可以使用该关键词进行记忆，但是在细节上要做出改动。例如，连续遇到两次"小狗"这个关键词，如果第一次出的图片是"斑点狗"，那么第二次可以出"柯基"的图片。

提升的关键是记忆节奏，这也是最难把握的一点。在记忆的过程中，讲究不紧不慢，既不会因为速度太慢而导致记忆量太小，也不会因为记忆太快而影响到准确率。使用让自己最舒适的记忆节奏可以帮助我们在 5 分钟的时长内，尽可能多地并且准确地记忆。

4.7　听记数字

谢海峰

成绩：　原始分 / 标准分　196/662

感言：　扑克牌记忆得越快，得分就越高

荣誉：　世界记忆大师（IMM）

2017 年第 26 届世界记忆锦标赛中国总决赛儿童组第 2 名

2017 年第 26 届世界记忆锦标赛全球总决赛儿童组第 3 名

2018 年第 27 届世界记忆锦标赛全球总决赛少年组第 1 名

受邀节目：河北卫视《我中国少年》第一季

记忆方法

我的听记数字项目在 2017 年和 2018 年都拿过奖，可以说，这是我一直以来的强项了。实际上，听记比的并不是英语水平，而是一遍记忆能力，我印象中 2017 年世界赛获得听记数字奖牌的选手都是中国人，这就证明这个项目其实和英语水平无关。

我的一遍记忆能力实际上跟我的记忆模式有很大关系，我的联结会比较符合地点特征。例如，01 火、02 鹅，三层台阶——三层台阶上都放了烧鹅。49 勺子、96 龙虾，水泥——偷吃镶嵌在水泥里的龙虾。建立起编码和地点的关系，能大大提高准确率（所有项目都是如此）。但是听记数字的速度会比较快，来不及将每一个联结都做得很好。我对没有联结好的数字，都会刻意看清楚。做到这些之后，大家的听记成绩必然会有非常大的提升。

编码方法与其他数字项目无异，用的是常规数字编码与记忆宫殿。（详见本书第二章：高效记忆的方法）

训练方式

听记数字与其他项目的不同之处在于：其他项目都可以通过记忆多次来保证记忆的准确率，可是听记只能记忆一次，这就对选手的一遍记忆能力提出了很高的要求。因此我会刻意地训练自己的一遍记忆能力。从一遍记忆 40 个数字开始，在能保证准确率的情况下逐渐往上加数字：80 个、120 个、160 个……需要注意的是，记一遍也要对时间有一定要求：40 个数字对应的时间大概是 25 秒，80 个数字对应的是 50 秒，120 个数字对应的是 90 秒。

在训练一遍记忆能力的过程中，每一次训练都需要把错误的地方进行仔细的复盘（分为编码、联结与地点三个方面）：以编码复盘为例，这里记错了是不是因为两个编码比较相似？如果是的话，需要在联结时加入什么感觉以区分两种编码？如果无法区分的话，是否考虑更换其中一个编码？我们可以在以上总结错因的过程中不断优化自己的编码与地点。通过这样的训练，可以很好地提升听记数字的准确率。

提升技巧

我的一遍记忆能力跟我本身的记忆习惯有很大关系：我的联结会与地点产生一定的互动，而且我会让联结有一定的故事性。例如，01 火、02 鹅，地点是楼梯——拿着烧鹅上楼，结果不小心掉了，烧鹅从楼梯上咕噜噜地滚下来。49 勺子、96 龙虾，地点是电箱——偷吃锁在电箱里的龙虾结果触电了。这样一来，当我们想到楼梯或电箱时会自然想到这里发生了一件很滑稽的事。这个"滑稽"的感觉为我们的回忆提供了非常棒的线索，让我们能更好地回忆起记过的数字。当然，听记数字的速度会比较快，有时候来不及做好每一个联结。遇到这种情况，就只好把两个编码往地点上一摆，尽量把图像看清楚。（我极少出现这样的情况，这是因为我在平时的训练里会争取把每一个联结做到有趣且与地点联结紧密，到实战的时候自然游刃有余了。）

总之，准确率在听记数字这个项目中是第一重要的。除我提供的技巧之外，大家还可以探索适合自己的记忆方法来提升准确率。

张颖

成绩：	原始分 / 标准分 241/734
感言：	打好数字记忆的基础
荣誉：	国际特级记忆大师（IGM）
	2017 年第 26 届世界记忆锦标赛中国·北京城

市赛总冠军

2018 年亚太记忆公开赛总冠军

一年内 4 次打破世界纪录，吉尼斯世界纪录保持者

中央电视台一套《挑战不可能》荣誉殿堂选手

编码方法

听记数字的编码图像就是一直在用的 100 个数字编码，但是这个项目是要用耳朵听的，所以我们要做的就是把听到的信息转换成图像，这个转换过程的实现需要不断训练，要练到形成条件反射的程度，只要第二个数字说完，马上就能正确出图。

记忆方法（包含复习方法）

听记数字的记忆原理和其他项目一样，就是把两个编码放在一个地点桩上，但是跟单纯记数字又不一样。记数字的时候，眼睛看到两个数字时，就能直接出图，但是当耳朵听到一个数字后，大脑需要等待第二个数字出来，才能出图。虽然不太一样，但是只要多练，就能达到跟记数字差不多快的反应速度。

训练方式

首先要能将听到的 10 个英文和阿拉伯数字正确对应，然后听到两个英文就能在脑海中快速、准确地出图，最后就是能将 4 个英文对应的两个编码快速、准确地定在地点桩上。接下来，就可以进行记忆训练了。先从听记 20 个数字开始，记 20 个数字几乎没问题了，然后再升至记 40 个、80 个数字，我在每个阶段都只增加 40 个数字，循序渐进，最后到比赛之前，可以记 360 个数字，这相当于一遍记 9 行数字。所以，想练好听记，一定要打好数字记忆的基础。

提升技巧

定桩要快速、连贯，记完这个桩就记下一个桩，不要怕记不住。因为每一轮听记只能听一次，不能复习，所以既然记过了，那就要相信自己肯定可以记住，心态很重要。

4.8　随机词语

谢海峰

成绩：原始分 / 标准分 147/471

感言：随机词语是一切中文信息记忆的基础

荣誉：　世界记忆大师（IMM）

2017 年第 26 届世界记忆锦标赛中国总决赛儿童组第 2 名

2017 年第 26 届世界记忆锦标赛全球总决赛儿童组第 3 名

2018 年第 27 届世界记忆锦标赛中国总决赛少年组第 2 名

编码方法

在我的体系里，词汇被分为三类：动词、名词和形容词，动名词一般可以直接联结。这里有两个小技巧：如果遇到前一个词为名词，后一个词为动词的情况，我会把自己当成动作的发出者。如锤击、篮球——我用力捶击篮球。如果两个词都为动词，同样也是把自己和另一个主体作为动作发出者。如锤击、书写——我用力锤击地点，我的朋友看到这件事把它书写记录了下来。

现在再来说形容词，如果是简单的形容词可以直接出感觉，如"炎热""寒冷"。但如果是比较复杂的形容词，就需要把它具象化，转化为其他图像。以"忐忑"为例，这个词直接出感觉可能比较困难，又容易和"犹豫"搞混，那我就会想象有个人在地点上唱《忐忑》，如此将抽象的词转化为一个更形象的故事能让我们更好地记忆抽象词语。

记忆方法（包含复习方法）

我是用常规的记忆宫殿法来记词语的，两个词语对应一个地点。我的复习方法通常是：60 个词记两遍，记到 180 个词，然后复习两次。第一次复习确保不会出现地点无图的情况，第二遍复习主要记细节，即词义的表达形式。在记忆的过程中，需要注意避免将近义词混淆，比如"竟然"，我在最后一次复习时，担心自己将其与"居然"混淆，于是在地点上多出了一个镜子的图像，以确保自己知道这是"竟（镜）然"。我不记忆字的写法，而选择去记词义的表达形式，是因为字写错了只扣 1 分，但如果词写错了要扣 10分。相信面对这个规则，大家自有取舍。

训练方式

随机词语这个项目还是要优先保证准确率的。所以我在契合地点特征的同时，还会加入自己的感觉：形容词最好理解，如"炎热""痛苦"，甚至是"疑惑"这样的词，诸如此类的形容词很容易记住；而名词和动词，最好能够组织出一个事件。

例如，"平底锅""衣服"：我用平底锅在地点上炒衣服，冒出的蒸汽让我感到很热。

再如，"大难临头""瑞士"：我看到一个很大的"难"字贴在地点上，我看了看我的瑞士手表，有种不祥的预感。

通过加入感觉类的形容词或者将名词和动词编成故事的方法，基本就能避免出现地点无图的情况。

提升技巧

我想分享一些关于心态的问题。对于记忆训练，我认为，有两个品质非常重要：反思力与毅力。我对反思力的解读是：世界上并不存在第一遍就能将事情做好的"超人"，但是必定会存在少数通过多次刻意练习、高效率的反思和总结而最终将事情做好的人。没有反思的训练都是在"划水"，当然，光有反思也不行，更应该及时纠错和改正。另外，有一部分人参加记忆训练并不是出于爱好，这就导致很多选手无法坚持，甚至中途放弃。然而，毅力来源于坚持，当我想到放弃的时候，想到的并不是对未来的憧憬，也不是为了以前的努力而继续努力，而是选择继续坚定地走下去。

严林祺

成绩：	原始分 / 标准分　191/612
感言：	形成自己的记忆风格
荣誉：	世界记忆大师（IMM）
	2017 年第 26 届世界记忆锦标赛中国·上海城市赛总冠军
	2018 年第 27 届世界记忆锦标赛中国·金华城市赛总冠军

编码方法

1. 具象词语的编码方法

具象词语在记忆时可以直接出图。出图时最好采用脑海里出现的第一个图像，因为那肯定是平时生活中接触得最多、最熟悉的东西。有些人可能觉得在记忆随机词语时，图像没有在记忆数字或者扑克时那么清晰，这是因为数字或扑克牌都有固定的编码，并且经过反复训练，大脑已经对编码的图像烂熟于心，甚至形成了条件反射，而词语不可能提前编码，只能依靠选手本身的生活经验和临场反应来即时出图，所以自然没有记忆数字或者扑克牌那么清晰。有的人因此认为随机词语这个项目相对较难，从某种程度上来说的确如此。但是，中文词汇相较其他语言又有所不同。因为汉字属于表意体系的文字，在记忆的时候，不仅大脑会呈现编码的图像，而且当眼睛看着字的时候，也会形成一定的视觉冲击，有时甚至会把图像跟字的偏旁部首或者能代表词义的一部分结合起来进行编码。当然，我并没有刻意训练，而是在训练过程中逐渐形成了自己的记忆风格。大家也可以在训练中建立具有个人风格的字与图像编码之间的联系。

2. 抽象词语的编码方法

（1）整体编码。简而言之，就是将这个抽象词所表示的意思用一个自己觉得合适的图像、动作或者逻辑关系来代替。前提是后期回忆时看到这个编码要能准确回忆出相应的词语。无论是具象词还是抽象词，我都建议以自己的第一反应为准，其实当每个人看到一个词时，脑海中都会产生第一反应，只是有的人在记忆时定要找到一个特殊的、刺激性强的图像来记忆。这种想法本没有错，但是如果你的大脑里已经有一个熟悉的图像，你还要找另一个图像来替换，那就完全没必要了。所以，还是建议在平时训练时多多寻找适合自己的图像。在这里举几个例子，以下是我看到一些词语时的第一反应：

质点——一个银色的金属小球

指示——一只手在指

彼此——两个人握手

企业——一栋写字楼

我并没有完全按照词语本身的意思来出图，比如，"质点"这个词，是物理专有名词，表示"有质量但不存在体积或形状的点"。按理说不太好出图，但是我的第一反应就是一个银色的金属小球，这个图像本身也比较好用，而且符合我的记忆习惯，于是我记忆时就用这个图像，完全是可以的。

（2）部分编码。有时，我们会遇到图像不是词语本身，而是词语中某一个或某几个字的情况。这种情况更多出现在地名、没有见过的名词或者比较长的词语上。举几个例子：

加拉加斯——拉丝的芝士

阿西娜——西方的雅典娜

伯尔尼——伯伯身上都是泥

这些词语在编码时要注意，虽然不是每个字都需要编码，但也不能只给一个字编码，比如"伯尔尼"如果只编码成"伯伯"的话，会发现回忆时很困难，但如果再把"尼"编码成"泥"添上去，回忆时就会轻松很多。

记忆方法（包含复习方法）

随机词语的记忆方法比较灵活。因为编码方式的灵活性，决定了随机词语在记忆时不像数字或扑克牌项目那样对出图的要求那么严格，有时可以采取逻辑联结的方法来记忆。下面我就几个具体的情况来举例：

1. 两个具象词

头发、萝卜——用头发捆住萝卜

方尖碑、手臂——用方尖碑（大理石材质，剑形）戳手臂

莲藕、毛毯——莲藕砸在毛毯上，碎了

这种两个具象词的情况是最容易出图的，但也容易忘记，因为出的图像是临时生成的，并不是我们平时训练的编码图像。在回忆时如果想不起来图像是一件很棘手的事情。所以，处理这类情况时一定要注意保持图像的清晰、动作的准确，以及要有一定的动画效果。

2. 具象词＋抽象词

甜瓜、起义——很多个小甜瓜，头上绑着红带子起义

斗劲、桂圆——两个斗劲的桂圆头顶着头

巴西利亚、专用——这个足球是巴西利亚队专用的（配上绿色、黄色）

在实际的比赛中，具象词＋抽象词的情况还是比较常见的，我通常采用拟人、逻辑联结的方法进行记忆。在运用逻辑联结时，要注意不能颠倒顺序，比如第二个例子中的"斗劲、桂圆"，在联

结出图时呈现的其实是"两个桂圆在斗劲",这样词语的顺序就有可能颠倒,所以我们在记忆时可以先出现头顶头的情境,代表"斗劲"这个词,然后慢慢展现两个桂圆,用来强调词语的顺序。

3. 两个抽象词

周围、确实—— 一个人一边看着周围的环境一边点头:"确实不错!"(也可以在人的周围再加上一圈栅栏)

左右、紧迫—— 两块钢板向中间逼近

消失、交通—— 一辆车消失在马路上的车流之中

记忆抽象词时,我通常采用以逻辑关系为主、图像为辅的方法。两个逻辑词中,可能只有一个能用有关联的图像来代替,另一个通常是动作或者变化。在运用这种方法时,要注意逻辑记忆也要以图像作为依托。比如,上文提到的"周围、确实"在联结时并没有形成很多图形,而是只有一个人,所以我后期会在人的周围多加一圈栅栏以突出"周围"这个词,否则这个地点只有逻辑联结,回忆时很容易遗忘。

训练方式

随机词语不用天天训练,我在训练时通常用随机词语来熟悉新地点,只记一遍,同时增强一遍过的能力。因为随机词语的计分规则比较严格,一列 20 个,错一个只算一半对,错两个就算全错,相当于 10 个地点里有 1 个地点忘记了,这 10 个地点就白记了,再加上词语的记忆量本身就比较小,一旦稍有失误,分数就会直线下降。所以,我建议多练一遍过的能力,在训练中逐渐形成自己的记忆风格,什么样的词适合出什么样的图,适时总结,逐渐提速。

提升技巧

(1)提高一遍过的能力。

(2)在日常生活中遇到抽象词语或者地名,可以想想怎么出图

比较好，形成自己的一套方法。

（3）提高对汉字字形和字义的感知能力，在记忆时充分利用视觉刺激。

（4）记忆时要有节奏，不能因为一个词出不了图而卡在那里，要相信自己的直觉。

徐梓榆

成绩： 原始分 / 标准分 222/712

感言： 敢突破，敢尝试

荣誉： 特级记忆大师（GMM）

2017 年第 26 届世界记忆锦标赛中国·佛山城市赛总冠军

2017 年第 26 届世界记忆锦标赛中国总决赛随机词语单项金牌

2017 年第 26 届世界记忆锦标赛全球总决赛随机词语单项银牌

对我来说，本身比较喜欢记忆词语，觉得好玩，因为随机词语不像其他的项目有固定的编码和联结，联结方式、图像更为灵活多变，因而每一次记忆都是新的尝试，也具有一定的挑战性。以下内容是我的一些训练经验，但我的记忆方法不一定适合所有人，大家要根据自己的实际训练情况找到最适合自己的方式。

编码方法

1. 图像与联结

通过进行一对一联结训练增强图像感，遇到难出图的或图像不清晰的词要马上找图，遇到生词时通过将其拆分成自己熟悉的部分进行记忆，并利用联想的方法辅助强化，如夸张变形、描绘色彩、增强立体感、自我代入、融入感觉和建立逻辑关系等，找出最适合自己的方法。

①具象词＋具象词：直接出图，中间用一个简单的动词联结，图像和联结尽量直观、简洁，注意出图顺序。

凉席、泰铢——凉席压着泰铢（有人会想象成泰铢被撒在凉席上，回忆的时候顺序可能会乱）。

②抽象词＋具象词：建立一些逻辑关系。

威严、军港——（逻辑关系）威严的军港（注意不要记成庄严）。

烛台、坚持——烛台屹立不倒，坚持的样子。

③抽象词＋抽象词：

装裱、观望——想象自己正在装裱一幅画，装裱完了在观望作品（有种自豪的感觉）。

行走、乙醚——如果不知道乙醚是什么，用谐音记忆——"一迷"，一个谜，想象自己行走的姿势就是一个谜（有种很丑、很奇怪的感觉）。

2. 抽象词出图的转化方法

（1）替换：通过逻辑关系进行转化或者是对词语的感觉进行转化（热情——火；消费——人民币）。

（2）谐音：根据读音利用谐音形成另外一种意思，转化成另外的图像（设计——射击）。

（3）增减字：通过增减字转化成图像（安全——安全带；如果——果子）。

（4）倒字：把字调换再用谐音出图（金融——融金）。

（5）望文生义：通过字面意思直接拆分文字出图（抽象——抽打大象）。

下面以虚词、形容词、动词这三类较为常见的抽象词为例，具体阐述出图方法。

（1）虚词：直接提取一个字或者用谐音形成具象词出图（转化的时候要尽量采用第一感觉形成的图像），或者把词语放进情景中（这种方法难度较大，要求对词语有一定的敏感度）。

如果、金钱——如果可出图为果子，果子砸在金钱上（想象果子的果浆把钱弄脏了，加入感觉）；或者想象如果自己有很多金钱会怎样。

（2）形容词：将形容词转化为名词，通过形容词联想到最常见的名词，用名词出图。

勤恳——农民伯伯；美丽——新娘

（3）动词：将动词转化为名词，想象自己主动做动作，并作用在被动物体上（加入一定的感觉）。

测试——试卷（紧张的感觉）

如果遇到意思相近或者图像相似的词语，该如何应对，我总结了两点经验。

（1）对于近义词，应多花一两秒时间留意区分，注意找出词语之间的区别。

（2）抓住词语的特点，把特点放大、突出，加入联想要素，出图要有一定的区分度，尽量使图像贴合词语，同时可以通过复习不断把图像跟词语进行贴合，并不断熟悉。

威严、庄严：关于"威严"一词，我们可想象的图像是军人威严的样子；关于"庄严"一词，我们可想象的图像是天安门广场的升旗仪式。

鳄梨、牛油果：二者的图像相似，那就用一个词来进行区分，将鳄梨想象成鳄鱼吃梨，或者把牛油果想象成牛有果子吃。

记忆方法（包含复习方法）

我的记忆方式是两个词语联结放在一个地点上，主要通过建立逻辑关系并结合自我感觉来进行记忆。比如，想象自己正在地点上做某件事情会产生怎样的感受，形成一种图像融合感觉的方式。如果是两个比较简单的具象词，就可以直接产生图像，两个物体相互接触，第一个词的图像作用于第二个词的图像放在对应的地点上，两个词会有一个上下或者左右的顺序关系，图像与地点简单接触，没有对地点形成破坏，对地点加入特定的感觉会更有利于记忆。

我的复习重点是不断增强对词语的熟悉度。其实第一遍记的时候图像记忆并不深刻，通过两到三遍的复习加强印象，记完100个词后复习一遍，接着往下记到特定的量（5分钟记100～120个词，15分钟记260～280个词），最后总复习一至两遍，前面的部分总复习两遍，后面的部分总复习一遍。如果总复习完两遍还有时间，就继续往下记新的内容。我都会在脑海里先回忆一遍再动笔，会先复习和先写后面记的部分，因为在写的时候会遇到提笔忘字的情况（血的教训），所以平常练习的时候一定要多动笔。当然，我也遇到过忘词但后来再记起来的情况，在回忆的时候忘记词不要慌，尽量让自己找回当时的记忆状态，比如在记的时候加入自己的感觉，回想的时候尽量把感觉放进去。

在复习的时候，可用手指着词，仔细确认所记的词是否正确，一边对照词语一边快速出图回忆，对有把握的词，可以加快速度，遇到不是很确定的词，必须等图像清晰再跳过。提醒一点：不要认为记住的词和图像都是正确的，不要认为简单的词和图像就可以被快速跳过，往往简单的词更容易被忘记，所以第二遍复习的时候一定要仔细对照清楚。

训练方式

我每天训练词语的时间不长，刚开始进行 20 个词的记忆练习，做到 1 分钟内记 20 个词而且要全对。每天进行两组 60 个词的一对一联结，寻找记忆的感觉，接着直接进行 5 分钟或者 15 分钟的词语自测，5 分钟测试上午、下午各一次，15 分钟测试每天一次。

比赛时具象词占大部分，抽象词较少，但一般在抽象词记忆上会出现更多问题。所以，日常训练可以找一些高于比赛难度的词语来练习，抽象词或者是一些不常用的词，如国家名、人名或者专有名词。除此之外，还可以专门进行抽象词、长难词的练习，增加训练的难度，训练词语转化出图联结的能力，这样，比赛时才会游刃有余。

提升技巧

（1）在记忆的时候用手指着词语，可以增强记忆时的专注力，仔细看着词语还可以加深对词语的印象，大概是多少个字，字的位置是怎样的，一般出错了自己会知道，因为对词语已经有一个比较深的印象。

（2）敢于突破，敢于尝试。在中国赛的时候我记了 200 个词语对了 178 个，因为之前一直只练记 200 个词，待在舒适区，没有突破。在中国赛之后我才意识到可以记得更多，之后就往 220 个、240 个、260 个冲，最多的时候能记到 280 个，准确率也比预想的高。练了一段时间后，在世界赛的时候我一共记了 263 个，最后对了 222 个。

（3）即使不在训练状态，看到词语也要有意识地去出图联结，形成一种出图思维，不断找到适合自己熟悉的联结方式。训练的时候也要求稳，不能急，匀速记忆，有时候简单的词语反而易被忽略，容易忘记，不能放过每一个词，出图一定要清晰、明确。

（4）及时总结和反思，找问题，根据问题制订训练计划，把大问题拆分成小问题来逐个攻克。

（5）最重要的一点，调整好心态。在比赛之前做深呼吸，让自己平静下来，给自己一个微笑，心情会放松很多，便于以平常心对待比赛。我的比赛成绩基本都比平时测试的成绩要高一点，就是因为临场心态比较好。

胡敏

成绩：　原始分 / 标准分　210/673

感言：　掌握随机词语记忆的核心秘诀

荣誉：　世界记忆大师（IMM）

2016 年第 25 届世界记忆锦标赛中国·惠州城市赛少年组第 1 名

2016 年第 25 届世界记忆锦标赛中国总决赛少年组随机词语项目银牌

2017 年亚太记忆公开赛少年组随机词语金牌

编码方法

要想将词语记得快、准、多、牢，练习将抽象词转化为具象词是一项基本功，一般有 5 种方法。

（1）谐音法

举例：习惯——吸管；悲剧——杯具；西鸡——油鸡

（2）增减字法

举例：身份——身份证；舞蹈——舞蹈鞋；信用——信用卡

（3）望文生义法

举例：开心——咧着嘴笑的一颗爱心；效果——笑着的一个果子

（4）倒字法

举例：雪白——白雪

（5）替换法

举例：大海——贝壳／珍珠；中国——五星红旗；演讲——话筒；成就——奖杯／奖状

记忆方法（包含复习方法）

关于记忆方法，我总结了以下 4 种：数字挂钩法、人物定位法、故事法／连锁法、地点法。

这 4 种方法我都实践过，个人更喜欢使用地点法，记忆得更准确，回忆时间更短。

（1）数字挂钩法适用于词语数量在 100 个以内的少量词语。

（2）人物定位法也适用于较少词汇量的记忆，如果选择人物定位法，需要提前熟悉人物的出场顺序，以免导致记忆混乱。

（3）故事法／连锁法适用于训练联结能力和出图能力，建议大家在平时训练时，多运用故事法／连锁法来提高想象力和记忆速度。

（4）地点法是我最熟练并常用的方法。两个词语一个地点，记起来快速又方便，词语与地点发生动作，回忆时更加精准。

不论选择哪一种方法记忆词语，最重要的都是多练习。

关于复习方法，我分享的分别是 5 分钟和 15 分钟两种时长的 3 种方法。

5 分钟词语复习策略：①记一列，复习一列；记完两列复习两列；都记完了再复习全部；②记两列复习一次，记完全部复习一次；③记完 5 列复习一次，再继续往下记，再复习。

15 分钟词语复习策略：①记两列，复习一次，记完一面复习一次，记完全部再复习一次；②记一面复习一次，再往下记一面，再复习一次，记完全部复习一次；③记完全部，复习一次。

　　每个人的复习方法会不一样，需要根据自身实际情况去制定适合的方法。

训练方式

（1）每天用故事法／连锁法练习词语记忆，每 20 个词为一组，记完马上回忆，写在纸上。每天练习 5 组左右。

（2）每天用地点法记词语 6 组，每组 20 个。自己计时，看一下记 20 个用多少时间，要保证全对。

（3）每天测试两次 5 分钟词语，可以不用连续测试。一开始先不求速度，先保证正确率。等正确率稳定下来后再练习速度。

提升技巧

（1）开头的两个词和结尾的两个词要记牢，因为是转折点，容易遗忘。

（2）当场解决生僻字词。难的词多花点时间去记，从而确保自己记的都是对的，不要因为追求速度而牺牲准确率。

（3）字迹工整，如果字体太潦草，裁判看不清楚，会容易失分。

（4）注意记忆时看清楚每个词的写法，有时会遇到"陷阱"，专门出个错别字，或者是形近字，一不留神很容易掉"坑"里。

（5）注意还原，要记清楚哪个词用的是什么方法，不要把进行过加工的词写上去。

（6）以正确率优先为原则，要保证写的每一个词都是对的，不然记得再多也是无用功。

4.9　人名头像

曾祥炜

成绩：　原始分 / 标准分 122/717

感言：　用人物代入法记人名头像

荣誉：　世界记忆大师（IMM）

2017 年第 26 届世界记忆锦标赛中国总决赛儿童组第 3 名

2017 年第 26 届世界记忆锦标赛全球总决赛儿童组人名头像项目金牌

首届亚太记忆公开赛总决赛儿童组人名头像项目金牌

第 2 届亚太记忆公开赛人名头像项目金牌，并打破中国纪录

2018 年第 27 届世界记忆锦标赛中国·清远城市赛少年组第 1 名

编码方法

人名头像的记忆，主要是找到人物特征，将人名转图像，然后将两者联结，与固定的三点一线方法类似。很多记忆大师都在使用这种方法，具有广泛性。

记忆方法

当然如果想拿高分，突破自己，打破纪录，还是得靠不断地练习和运用一些技巧。我在记忆人名头像时很多时候是凭感觉，在普通方法的基础上，或者说在对普通方法掌握得不错的情况下，再加入其他的独特方法予以辅助。

我用的是一种比较新颖的方法，不妨暂且称它为"人物代入法"。我在记忆的时候，会想象自己正在跟图片中的"那个人"对话、玩游戏、吵架、打架，甚至谈恋爱、结婚等，相当于在平行空间中两个人之间产生了情感联结。总之，就是要你记住他，同时，让他也记住你。就好像现实中，别人记住你的名字，你出于礼貌，也会记住对方的名字。

如果有些人名头像让你产生了似曾相识的感觉，甚至可以把"他们"当成你的父母、兄弟、亲戚、朋友、同学。当你在作答时想不起这个人的时候，就看着他的眼睛，因为你记忆的时候已经和他互相"认识"了。你虽然现在记不起他，但他盯着你，会促使你想起他的名字。

训练方式

在训练中多找感觉，逐渐也就能越来越快速地建立"自己"和"人物"之间的情感联结，这样便能在赛场上发挥自如。

人名头像记忆的方法有很多，一定要找到适合自己的。如果方法适合，可以在训练的过程中不断提升、完善；如果不适合，也可以汲取其中的经验，独创自己的方法。

人名头像的训练不可能也没必要做到每个人的方法都一样，但可以不断汲取经验和优秀的成果，让自己的方法越来越好，进而完善自己的记忆系统。

（1）每天练习 2 次，每次 5 分钟。

（2）在训练之前，先确定目标，比如记住 40 个。

（3）及时总结，如果方法不适合要及时调整。

提升技巧

（1）多训练，每一次训练都需要全力以赴。

（2）把自己代入图像中，与人物联结。

于明奇

成绩： 原始分 / 标准分 17/100

感言： 瞬间治愈脸盲症

荣誉： 2018 年第 27 届世界记忆锦标赛中国城市赛乐
龄组第 1 名

2018 年第 27 届世界记忆锦标赛中国总决赛乐
龄组第 2 名

2018 年第 27 届世界记忆锦标赛全球总决赛乐
龄组第 2 名

把数字编码法与锁链法、比较法等综合运用，进行编码。

记忆方法（包含复习方法）

（1）先挑选字数比较少的人名，字数少相对容易记忆。

（2）在前者基础上，再挑选有特征、容易识别的头像。

（3）把男人自定义编码为"白天"，把女人自定义编码为"黑夜"，放在识记过程的最后端。

（4）用"1～100"个数字代码按挑选的顺序进行识记，把每个数字代码与人名（或姓或名）先用锁链法联系起来，再将头像特征继续串联，最后用自定义的男女代码即"白天"或"黑夜"做串联收尾。例如，"哈维剪了短发很英俊，白天总是哈哈笑。"

训练方式

（1）每周训练 1～2 次，每次 30 分钟。

（2）在训练过程中及时总结经验，不断优化串联方法，提高记忆准确率和记忆数量。

提升技巧

（1）把人物表情或情绪融入记忆过程，辅助识记。

（2）把人物的大概年龄和颜值融入记忆过程，辅助识记。

4.10　抽象图形

张兴荣

成绩：　原始分 / 标准分　756/1085

感言：　记忆有方法，可以后天训练

荣誉：　国际特级记忆大师（IGM）

世界记忆冠军教练，已培养19位记忆大师

2018年第27届世界记忆锦标赛中国总冠军，同时打破抽象图形世界纪录

2018年第27届世界记忆锦标赛全球总决赛成人组第3名，同时打破抽象图形世界纪录

编码方法

如果有大量练习抽象图形项目的经历，会发现所有出现的图形按照纹理分类，大概有100多种，可以将它们归纳成熟悉的数字编码，那样，记忆速度就会非常快。编码的时候一般不会选择其他的非数字编码，因为如果选择其他物品，很难在极短时间内将它们和数字编码进行快速且高质量的联想，容易打乱节奏，所以一般来说是将这些图形全部定义为数字编码。需要注意的是，一个编码对应的抽象图形最好不要超过两个，否则遇到一行三个同类别的编码，会很难处理（不是无法处理，而是会影响速度）。

训练方法

讲训练方法之前，首先和大家分享我的抽象图形的地点，40个一组。如果将一个图形转化成两位数编码的话，一页抽象图形真正要记忆的数字是80个（第5个图可以通过记忆推理出来，故可选择不记），两页就是160个，所以说，我选择的地点是一组40个，两组为一个单位，使用起来比传统30个地点一组的更方便，用六组地点就可以记完12页。

抽象图形的基本训练方法是一遍记忆。当时我在训练这个项目时，给自己定了一个非常明确的目标——打破世界纪录，所以我必须一遍记忆，尽可能将自己在这个项目上的一遍记忆能力扩大到最大宽度。具体训练进阶方式如下：

1页1遍，1分钟以内，稳定全对，进入下一阶段；

2页1遍，2分钟以内，稳定全对，进入下一阶段；

4页1遍，2分钟以内，稳定全对，进入下一阶段；

然后就是6页1遍，控制在6分钟以内，可能会有细微错误，不要紧，分析原因，继续攻克。6页1遍很难做到一个地点都不出错，但是当错误率能够稳定控制在2行以内，就可以进阶到8页1遍，训练方法都是一样的，只不过随着记忆量的增加，出错率肯定会提高，我们需要做的就是，继续思考错误原因，优化联结、地点。

以此类推，当能够练到12页1遍时，抽象图形已经可以达到至少500个以上的水平了。如果还想继续提升，就要继续"强迫"自己提高速度、宽度。

当然，将抽象图形记忆两遍也是完全可以的，这对一遍记忆能力没有那么苛刻的要求。在记两遍的时候可以选择以1页为单位复习，也可以选择以2页为单位复习。然后到第8页或者第9页之后（视个人能力），可以选择只看1遍。也就是说，虽然是记两遍，但通常不会全程都记两遍，可以选择将前面一部分看两遍，然后将剩下的部分在一定时间内看 1 遍。

尽管如此，一开始还是建议要练习 1 遍记忆的能力，如果一开始就练两遍，那大脑中的图像会非常模糊，而且你也很可能对这个项目的感觉比较差，对正确率特别没底气。因此，最好还是从 1 遍记忆能力练起，当练到 4 页 1 遍都可以差不多全对的时候，就可以开始做自测训练。

当遇到一行有两个纹理一样的图形的时候，就可以将更像的一个图形定义为之前已经定义好的编码，而把相对不像的那一个根据特征临时替换成为其他编码。在记忆的时候，我个人习惯是看第 5 个图形，这样能保证在第 5 个图形和之前的图形纹理相同时，也能够临时改变编码方式，最大化地保证正确率，当然如果不看第 5 个图形也是可以的，但是必须牺牲部分正确率，这就看个人取舍了。

常见问题答疑

（1）抽象图形正确率比较低怎么办呢？

如果正确率比较低，可以从战略和战术两个角度去分析。战术上，要思考出错的原因是地点无图还是缺图。如果是地点无图的情况比较多，就需要多思考如何将编码和地点进行深刻联结。战略上，要考虑练一遍记忆能力。一遍记忆能力练好了之后，不管是对记一遍还是记两遍，都会很有帮助。多练一遍记忆能力可以让你对这个项目的感觉更好，有时候把图像简单放在地点上都能记住。还有一种情况，如果对抽象图形转化成数字编码还不熟悉，也会出现正确率低的情况，所以，一定要进行大量的联结训练以保证自己的编码熟练度够高。关于如何提高正确率，我在二进制数字记忆的答疑环节有详细建议，大家可以去查看。

（2）抽象图形应该使用单编码方法还是双编码方法？

有的选手可能不太理解单编码是什么意思，简单来说就是1个图形用1个（个位数）数字来对应。一方面，如果采用这种方法，那么同样多的图形记忆量会比双编码方法少一半，但是风险在于重复率会非常高，因为用10个数字代表100多种图形本身就是一件高重复率的事。另一方面，因为1行记4个数字，所以一旦忘记一个地点，就会导致整行都记不起来了。因此，单编码对正确率的要求非常高，这里不仅是记忆的正确率，还包括答题的正确率。我在2017年使用的就是单编码方法，当年世界赛成绩是541个，平时的最好成绩也就练到了600个。所以实际上，我并不是很推荐大家使用单编码方法，因为容错率低，而且不太好练。

苏泽河

成绩： 原始分 / 标准分 616/1122

感言： 勤于训练和思考

荣誉： 国际特级记忆大师（IGM）

2017年第26届世界记忆锦标赛全球总决赛抽象图形项目金牌

2017菲律宾记忆公开赛总冠军

2017首届亚太记忆公开赛总冠军

编码方法

抽象图形的记忆也有好几种方法，有的是单编码，有的是双编码，我采用的是一个图形对应一个（两位数）数字编码的双编码。编码转换有以下两种方式。

（1）纹理编码。大部分为纹理编码。实在看不出纹理，就给它固定编码。

注：一个图形对应一个编码，固定转化，最好转成数字编码，越多越好，能够避免记忆一行中出现重复纹理图案。

（2）局部编码。当一行出现相同纹理图案，就可以采用局部编码，下面以 8 个编码作为示例：

| 80 | 64 | 97 | 57 | 17 | 00 | 62 | 23 |
| 尖朝上 | 尖朝下 | 尖朝左 | 尖朝右 | 中间一洞 | 中间两洞 | 两尖 | 无尖 |

给图形编码时，我建议打印一份抽象图形项目的真题卷（3～4页），把每个图形剪下来，再将它们贴到自己的 00～99 的数字排

列表当中。这样，可以直观地看到数字00～99都贴了哪些图形，更便于复习。每个数字编码对应的纹理类似的图形不宜多，建议在3个以内。

记忆方法（包含复习方法）

记忆方式采用两个抽象图形联结后放一个地点进行记忆，一行有5个图形，前4个图形放两个地点，最后一个图形可以不记，或者采用局部编码进行区分记忆。

训练方式

第一步：选手前期要先熟悉自己的抽象图形编码，以每页读联为单位，大量读联快速熟悉编码，读联时间参考：0基础1分钟／中等水平40秒／高手阶段30秒。

第二步：准备好地点，需要有抽象图形项目的专门地点。每组30个地点，建议8组训练为宜，每两组可以训练3页，要保证训练量，地点也要在训练前单独进行回忆练习，回忆速度越快越好。

第三步：采用基础进阶训练，按照1页／3页／6页／9页的训练量训练，0基础可以先记忆一页看两遍，多训练几次，准确率高则进行记忆3页看两遍训练，稳扎稳打，循序渐进地开展进阶练习。

提升技巧

（1）图形编码尽量采用数字编码，因为本身对数字编码更熟悉，若是数字编码不够用可另外编码。

（2）抽象图形项目比较好提升，建议集中一段时间训练，比如抽出一周每天练习，这样集中训练进步快。

（3）若是局部编码练习用着别扭，也可临场随机编码。

（4）新手前期采用两遍练习，后期准确率提高了可以全程记一遍，以提高记忆量。

（5）给自己每天的训练制定目标，每天进步一点点。

第五章

记忆之旅

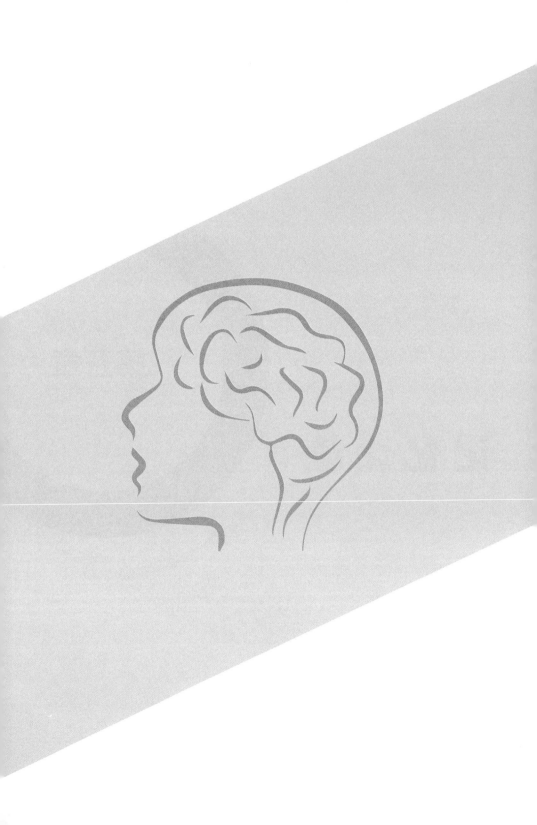

5.1 王点点：尝试新方法，用效率竞争

特级记忆大师（GMM）

　　2011年第20届世界记忆锦标赛全球总决赛少年组第1名，打破少年组马拉松扑克牌项目世界纪录

　　毕业于剑桥大学三一学院物理专业

　　儿时的我，没有什么特别，和别的孩子一样爱玩、调皮。非要说我有什么跟别人不一样的呢，就从我的想象力说起吧。

　　我从小就爱听故事，因为故事里可以发生的事情总是比现实中丰富得多。长翅膀的教堂、开满花的闹钟、蓝色的大象，这些奇怪的联结总是给我深刻的印象。

　　和大多数人一样，随着年龄的增长，我大脑中想象的空间变小了，异想天开的机会也少了。到了初中的时候，大脑的大部分空

间用来装课文、单词、公式等。有了这些"占空间"的东西在大脑里，那些奇怪的想象就很少再出现了。

初中时，我对待学习还比较认真。我很喜欢物理和数学，会花很多时间自己做物理或数学题，看这类的书。所以在理科方面，兴趣是我最好的老师。但是一谈到文科，我的眉头就会皱起来。历史、地理等，这些科目有好多要记的东西，总感觉看多少遍都很难记住。更让我难过的是，有些同学天生记忆力好，花比我少的时间，却记得比我牢，考得比我好。我很羡慕他们，但不知道怎么办。

初二的寒假快到了，有一天班主任拿来了几张宣传卡片。卡片上面提到一个讲座叫"如何拥有更好的学习方法"。由于数量有限，班主任就把这几张卡片放在讲台上让感兴趣的同学自己去拿。由于我个子矮坐前排，就很容易抢到了一张。

听完讲座，我觉得这离我很遥远，也不太相信可以短期快速提高记忆力，就准备离开。但爸爸妈妈希望我尝试接触一下这所谓的"记忆法"。于是，我报名参加了一个为期8天的寒假集训营。

学完记忆法与思维导图，我感受到了这个方法的灵活性与重要性。我开始尝试把它应用到每个学科中，尤其是需要大量记忆的科目。通过很短时间的训练，我就能够得心应手地在学习中使用记忆法，我也花了一些时间把历史的书本内容整理成思维导图。没过多久，我就可以轻松地重复出书中大部分的内容。

更让我诧异的是，从这往后，虽然我没有在历史这门学科上花很多时间，我的历史成绩却总是班级第一。那些比我学习努力、比我花时间多的同学反而没我考得好。历史成绩从班级十几名飞跃至每次考试都是第一名，这个短时间的变化让我下定决心要更加用心地探索记忆方法。

2010 年，抱着尝试的心态，我报名参加了世界记忆锦标赛中国区华北地区选拔赛。运用刚学到的记忆方法，我拿到了少年组第 2 名的成绩。虽然参赛人数很少，但这次比赛给了我很大的信心。从这之后，我走上了记忆竞技的道路。2010 年 10 月的中国赛我卡线晋级，进入了 12 月的世界赛。虽然在世界赛中没有拿到很好的成绩，但我见识到了世界顶尖的记忆选手们，还有世界记忆锦标赛创始人和思维导图的发明者东尼·博赞以及中外记忆界的权威人物。

这次比赛之后，我对记忆的热情大增。我给自己做了个计划，在接下来的一年内，几乎每天我都会花至少两个小时练习记忆法。经过一年的准备，在 2011 年的世界赛，我获得了世界记忆大师的称号和少年组冠军。

这一切，给我的初中生活画上了一个圆满的句号。我很庆幸我接触了这个方法，也感谢支持过我、鼓励过我的家人和朋友们。

高中开始，我就没有时间准备比赛了。但记忆法与思维导图，已经成了我学习上不可缺少的工具。我上的是一所国际高中，在这里学习和初中有点不一样了。在课堂上老师总是讲很多东西，但讲的内容不完全紧扣课本，学习不能像初中那样被动了，很多东西需要自己去理解、去问、去读、去记。在这样的环境下，努力程度不再是决定成绩好坏的最大因素了，学习方法成为最重要的因素。

进入高中的第一个星期，有一位老师找我谈话。他听说了我的特殊记忆方法，他劝我不要浪费时间在这种无聊的把戏上面，他说英语是熟能生巧，不能用奇怪的方法记。我点了点头，就走开了。我觉得这位老师也是出于好心，但我并没有因此受到影响，因为通过各种试验，这个方法总会带给我效率的提升。很多人没有坚持到最后，不是因为被怀疑，而是因为被怀疑之后自己也开始怀疑自己。我没有想太多，我觉得，既然走了起来，就继续走下去吧。

在高中时期，我参加了各种各样的课外活动，包括舞蹈、游泳和绘画，等等，但我并不认为这些耽误了我的学习。反而，我很多方面的能力都有了很大的提升。我创立了"疯狂记忆人"社团，在每周固定的两天内，每天用一个小时向感兴趣的朋友们传授记忆方法。我坚持用效率和别人竞争，而不是时间。然而，这并不代表我会浪费时间。我珍惜每一分每一秒，没有活动的时候，我合理安排作息。我总是告诉自己：世界各地有那么多人在奋斗，在我懈怠的每一秒钟，都会有很多人超过我。

高中的时间过得很快，不知不觉中就要申请大学了。我申请了剑桥大学，因为我觉得这是最适合我的大学。申请英国的大学需要一份推荐信、一封个人陈述信和预估成绩，有些大学还需要面试。对于牛津、剑桥这类的大学，面试是最难通过的一关。

剑桥大学的面试几乎是纯学术的。然而，在开始问我学术问题之前，面试教授问了我另外一个问题。在个人陈述信里，我提到了我参加记忆比赛的经历，显然这个激起了教授的兴趣，所以他准备在面试的时候深入了解一下。这个问题是："你能向我描述一下你的记忆方法吗？"我听了特别激动，就激情地描述了图像记忆的原理，还举了个例子。我说："'12'在中文里发音像婴儿，所以我一看到这两个数字就把它转化成一个婴儿的图像。"教授听了觉得还挺有意思的，就点了点头，然后就开始向我提问学术问题了。学术问题是面试的重点，面试的主要目的是为了考察候选者的学习能力。主要形式是教授出题学生答，这些题都是学生没有学过的。如果遇到困难，教授会给提示，然后教授会观察学生是否能够快速领会要点并做出反应。我在面试过程中丝毫不紧张，好几个问题我都答上来了，教授看我答得还不错就给我额外加了几道题，其中有一道我没有跟上教授的思路，感觉完全没有答到点子上。

虽然我感觉面试不是很成功，但两星期之后，我还是收到了被录取的喜讯。也不知道记忆比赛的经历有没有起到决定性的作用，但我相信它对我的申请一定是有帮助的。

2014年10月，我来到剑桥大学，开始了大学生活。大学的课程没有想象中那么简单，竞争又特别激烈，有种弱肉强食的感觉。每个人都在花几乎100%的精力学习。学得慢，就会永远被压在底下。想要有一定的竞争力，努力是必要条件，但是仅仅努力是远远不够的。我开始更加认真地想办法把记忆法运用到学习中。

但是，我学的是物理，理解比记忆更重要，而我又不知道如何用记忆术来帮助理解。经过尝试，我得出了一个结论：物理是不能靠记的！这样一来，我似乎是失去优势了，但这并不是故事的全部。我还记着，在高中的时候，我依据艾宾浩斯遗忘曲线，给我学的几乎每一门课程、看的每一本书都做了复习计划。对于大学的课程，这样的复习策略是非常有用的，因为要学的东西太多。如果不这样做，很容易就会养成很不科学的复习习惯，从而导致有些课程记得很牢而有些却很容易遗忘。

除此之外，思维导图对理科学习有很大的帮助。当我对一门课程的整体框架了如指掌的时候，学到的知识就会自然被归类到所属的范围，以此降低混淆概念的概率。而且，这样学到的概念很难忘，因为知识不再是零散的了。

在大学忙碌生活的同时，我偶尔还会拿出扑克牌练一练。这样的训练在不知不觉中改变了我的思维方式。经常有人说学物理的人天生聪明，我也不知道对不对。人确实有聪明和不聪明之分，但聪明的人不一定是天生的。

总而言之，不同的学习方法与技巧可以导致完全不同的结果。

效率的提高比努力重要很多。大学第一年的课程已经结束了，我觉得我过得很充实，学到了很多东西。我会继续探索记忆法、复习策略和思维导图的运用。我希望我的故事可以让一部分人意识到这一点，开始尝试新的方法，用效率和别人竞争。

5.2 苏泽河：相信你会是下一个记忆大神

国际特级记忆大师（IGM）

2016 年第 25 届世界记忆锦标赛中国总决赛总亚军

2016 年第 25 届世界记忆锦标赛全球总决赛总季军

2017 年第 26 届世界记忆锦标赛全球总决赛总季军，

抽象图形项目金牌

2017 菲律宾记忆公开赛总冠军

2017 首届亚太记忆公开赛总冠军

在记忆竞技领域总有各种各样的"神"人，比如石彬彬"石神"、邹璐建"邹神"、甘考源"甘神"等，我也有幸被誉为"苏神"，这类称呼除了带点儿调侃，叫起来特别亲切之外，也是对选手比赛成绩的一种肯定，自然地"某神"也就成了别人眼中的厉害角色，成为别人追赶的目标。如果你还没有被人叫"某神"，你就得继续加油了。

☀ 2016——不平凡的一年

2016年，我还是个名不见经传的零基础选手。4月从自己实习的银行离职，瞒着所有人只身前往武汉。之所以选择武汉，一方面是因为那里学费相对比较低；另一方面是看中老师的实力，郑爱强老师获得过中国总冠军，世界排名最好成绩是第7名，所以我选择去了武汉。在那里，我度过了毕业以来最充实的8个月，从一开始连比赛十大项目都认不全（4月底测试总分只有2000分），到后来半年训练里成绩节节攀高，我最终成为战队的一匹黑马。

8月，我首次参赛——香港记忆公开赛，我紧张到手抖，虽然经验不足，但获得全场第7名，抽象图形单项获得了全场第2名，也是因为这场比赛让我接触了《最强大脑》栏目组，当时前10名都被叫去填写报名表和录制面试视频，也是在这段时间里，我的家人从一开始的反对到慢慢接受了我训练、参加比赛的事实。

10月，我在世界记忆锦标赛武汉区域赛拿下8个项目的金牌，获得全场总冠军，总分6052，训练半年成绩已达到最高级别（IGM）标准（新标准6500分）。

11月，在中国总决赛上我拿到4个项目的金牌，获得全场总亚军，总分6850，在这场比赛中我认识了很多《最强大脑》的选手和其他顶尖高手。

12月，在新加坡世界记忆锦标赛上，我最终取得一金一铜，十项总成绩获得全场总季军，创造抽象图形单项世界纪录，总分7088。在参加世锦赛的前一个礼拜我刚录制完《最强大脑》节目，以为录制会影响比赛的发挥，事实证明并没有，而且比出了自己的最好成绩。拿到了 IGM 证书，拿到一个抽象图形单项世界冠军。因为之前没想过自己能进前三，比完的第一感觉就是圆满了，这 8 个月时间值了，让我的人生有了很大的转折。

☀ 2017 年是不断攀登的一年

2017 年个人战绩：

8月，首届亚太赛总冠军，打破抽象图形、马拉松扑克牌世界纪录。

10月，第一届香港全球友谊赛总冠军，打破快速扑克牌世界纪录。

11月，中国赛不参与排名，打破快速数字世界纪录。

12月，世界赛全场第3，抽象图形金牌、虚拟事件和日期金牌、快速数字银牌、快速扑克牌银牌，但没有破纪录。

作为选手奋战第2年，最好成绩保持了几个中国纪录，两个世界纪录（抽象图形和快速数字），也在亚太赛后排名中国第1，全球历史总排名世界第5。

2017 年年初，随着《最强大脑》节目的播出，认识我的人慢慢增多，很多小选手都说要以我为榜样，其实我有点惭愧，征战

2017年12月举办的世界记忆锦标赛，我一边训练，一边带学员，可以说是负重前行，给自己的压力有点大，不似去年轻松。虽然说小遗憾还是有，但在10个项目成绩都不满意的情况下能追到全场第3，也可以满足了。我之前一直默念"总有一两个项目比得不好"这话来安慰自己，可惜这回强项都没有发挥好，感觉被抑制住了，比赛中也没有创造打破世界纪录的好成绩。

赛前有记者问我，这次比赛中国队会有压力吗？实际上压力是巨大的，这两年蒙古国家队来势汹汹，好不容易在时隔5年之后的2016年，中国国家队又拿到团体冠军，2017年，当然也不能丢。

幸运的是，最后在大家的齐心协力下，我们中国队再次拿到团体总冠军，但对我个人而言，遗憾还是有的，我只拿到了世界第3，并没有达到预期的目标。

竞技不止，所有成绩就只是暂时的，2018年的世界赛刷新了5个项目的世界纪录，这也是我停赛的一年，作为嘉宾为大家分享比赛，以一个旁观者的角度看比赛，才发现真的是长江后浪推前浪。这两三年在记忆竞技领域崛起了很多战队，在快速发展中也催生了很多顶尖选手，对于未来，我也希望带领自己的学生征战这片沙场，相信我们这一代人不管是在竞技还是其他应用实践方面，都能把记忆术传承得更好。

我给新选手的3点建议是：

（1）师傅领进门，修行在个人。跟对教练是一个重要的入门槛，这不仅要求教练要技术够硬，而且要亲身实践教学理论，才能引领自己的学生走在正确的训练道路上。

（2）勤奋训练。在精力好的时候多多练习。

（3）勤于思考。时刻总结改进自己的训练方法，改进记忆策略。我就是凭借自己领悟的编码场景记忆方法打破中国纪录的，思考有什么新技术也是突破的关键。

加油，相信你会是下一个"神"！

5.3 胡嘉桦：四年，不一样的记忆之路

世界记忆大师（IMM）、特级记忆大师（GMM）

虚拟事件和日期项目中国纪录保持者，世界排名第4

18.88秒速记扑克牌，获全国冠军，世界排名第5

2018年第27届世界记忆锦标赛中国·湛江城市赛总冠军

2018年第27届世界记忆锦标赛中国总决赛成人组第3名

仔细想想，自己在记忆圈已经混了4个年头了。这些日子，尝过酸甜苦辣，经历过悲欢离合，留下了许多回忆，真的很感慨，因为把它们拼起来，就是我的青春。

从15岁时，因《最强大脑》结缘记忆法，在网上找到学习资料，随后加入极忆联盟，迷迷糊糊地闯进记忆界的圈子，结识第一批好友。到如今19岁，参加了大大小小近20场比赛，陆续加入了几支记忆战队，在学校建立了自己的记忆协会，在海内外的记忆圈也算有点小名声。这4年，我真的成长了很多。

2015年，通过线上聊天和资源共享，我渐渐对记忆法有了一个初步的认识，并被其魅力深深吸引，毅然踏上自学之路，同年与潘梓祺、甘考源、王涛等几位好友参加了2015年的世界记忆锦标赛，当时流行的记忆术与现在相比，还相当稚嫩，再加上自己虽然喜爱，但因独自训练难免会产生惰性，以及因为没人指点走过一些弯路，最后因单项马拉松数字920分无缘IMM。

那时的我，还是一个心怀记忆大师梦的孩子，比赛的失利给我带来的失落，至今还历历在目。相信许多踏在线上，只差一步的朋友一定能体会那种感觉，绝望了、心碎了、梦醒了、我哭了，多么希望时间可以重来。

2016年，因为要参加高考，无缘世界记忆锦标赛，但我还拥有一个快速扑克牌梦，当时全世界的水平和现在还有非常大的差距，快速扑克牌只要26秒，就是一个非常了不起的成绩，可以挤进世界前十。那场比赛，我抱着这个梦想踏上了香港公开赛的赛场，但最后带着眼泪与不甘离去，告别了我的少年组生涯。26秒，颠倒了两张牌，心中难受甚至比冲击IMM失利，有过之无不及。

总的来说，我的少年组比赛生涯可以说是相当失败，没有拿得出手的战绩，只有一次次的败北。虽然我想过放弃，但最终我并没有被挫折击倒，在一次次的伤心之后，我重新站了起来，立志要继续走下去。我不再梦想成为一名IMM，我为自己定了更高的目标，成为一名像潘梓祺那样的顶尖高手。

这份不服输的精神，让我在隐忍一年后，重新回到了赛场。准备高考的一年里，我并没有将记忆术荒废，每天依然做少量的训练，保持一定水平。2017年，高考后我开始教我弟弟记忆法，想把他也带上这条路。然而2017年，并没有我想象中那般一帆风顺。高考结束一个月后的广州城市赛，我志在必得要以6000分拿下总冠军，最后却以3088分草草收场。那一刻，我真的动摇了，卧薪尝胆一年，换来的结局居然是这样，放弃的念头在我脑中环绕。感谢考源，在我濒临崩溃之时，用一顿臭骂把我骂醒，让我不再怀疑自己，放弃了以前的记忆方法，重新学起。

在与考源一起密闭集训一个月后，我迎来了竞技生涯的第一个小高峰，在城市赛、中国赛、亚洲赛、世界赛上，都取得了可观的成绩，成绩达到了5000分以上，拿过城市赛总季军，在中国赛、世界赛也收获数枚奖牌。虽然最后再次失利，但依旧得到5275分，与我弟弟携手拿下IMM，圆了少年时期的一个梦。

但我的梦想并未止步，我没有选择绝大部分选手的路：在拿到大师称号后离开赛场，因为我是真真正正热爱这项运动，而不仅是为了一纸证书。2018年，我在记忆的路上越走越远，在大学里建立了记忆协会，参加过几个电视节目，并且继续参赛，拿过全国季军、亚洲季军，还和我弟弟一起打破了几项全国纪录。少年时期，曾经大言不惭地说自己快速扑克牌能达到20秒，而如今，18.88秒的成绩已被列入官网，排名世界第5。

曾经的我，会因为一场比赛的失利无法控制情绪，但我惊讶地发现，今年的赛事，虽然成绩并不理想，我却没有特别难受。过往的经历，让我明白每场比赛不过是人生中的一场经历罢了。一年的努力，不会因此而被否认，我不再是为了那一场比赛而去努力的孩子，记忆法，是一个要陪伴我一生的爱好。

4年，从前那个不善社交的孩子，如今已经可以只身前往世界各地比赛，用汉语普通话、英文、粤语和来自世界各地的选手交流，虽然他距离世界第一还有很长的路要走，但他一直在路上。

☀ 心得体会

1.喷泉的高度取决于它的源头，记忆选手的分数也不会超过他的信念。只有心怀问鼎世界的信心，才有不断前行的可能。

2.自律和坚持听起来很简单，但它们就是成功的秘诀。

5.4 程建峰：琳琅彩墨绘成记忆大师路

世界记忆大师（IMM）

世界记忆运动理事会认证国际裁判（一级）

我是程建峰，艺名琳琅墨，这是我灵魂的名字。"琳琅"意为多元化，"墨"代表文化传播。我想你猜到我的职业了，我是一个思维培训行业的讲师，立志把自己掌握的记忆术和思维导图等多种技能传播出去，让更多人从中受益。

☀ 为什么要考大师

我原本在高校工作，11 年的体制生涯到了瓶颈期，再加上想为家族晚辈们探索一条提升学习力、改变人生的新路，就逃离了象牙塔。

因缘际会，2016 年我参加了博赞思维导图®管理师认证班，自然而然又学习了记忆法，成为一名能讲记忆法的思维导图讲师。为了进一步提升自己，我想成为世界记忆大师，记忆法可在实用领域大放异彩，对我也更有吸引力。

☀ 重要节点

我的跨度是九个半月，从 2018 年 3 月 1 日到 12 月 22 日香港总决赛结束，但实际上真正投入时间估计不到 5 个月，因为我有时会懒散懈怠，会沮丧逃避，训练的时候不够专心，这些都是内耗。

3月完成前两阶课程，跑回家了，天真地以为方法我都知道了，可以自己练。

5月还是回归营地，8月快速扑克牌单项闯进50秒但不稳；快速数字在180～220之间浮动。教练也开始安排马拉松项目了，清楚地记得8月下旬的半小时马拉松扑克牌测试，我只能记4副半，我当时的记忆方法就是以副为单位，在规定时间内傻傻地看。对于什么宽度、加入回忆环节，当时的我一概不知。

9月下旬和10月初两场重要的比赛皆败，瘫在出租屋，一边喝冰糖雪梨一边安慰自己：还好还好，这不是必经的选拔赛。再来！不是二进制数字漏桩嘛，我一天把二进制数字的地点联结3轮，精准到5个桩为1个节点，看它还漏！不是马拉松扑克牌能力差吗？我一天练两轮！最难的就是拉宽度，之前马拉松扑克牌是以1副为单位，现在生生拉到4～5副才回头。准确率倒真提高了不少，10次有七八次100%正确。

10月中旬，金华城市赛，总分3700多，全场第8，全国第47，还拿了一块随机词语成人组的银牌。15分钟马拉松数字400多个，10分钟马拉松扑克牌3.5副，快速扑克牌2遍1分23秒。我松了一口气，然而十几分钟的赛制还是短，仍不能明确半小时的赛制自己能否坚持下来。

国家赛跟得紧，还出现了地点不够用的尴尬情况，找了几组，继续练。国家赛带了10副，对了9.5副。马拉松数字732个，快速扑克牌57秒（第一次在正式比赛中进入1分钟），最后以4013分成为40强，稳进世界赛，但并不见得世界赛就稳过，1小时的马拉松跟半小时绝对不是简单叠加的关系。

于是国家赛后每隔1～2天就自测，导致地点上残像一大堆，分数不尽如人意。有次测试，班里只有两个人没有达标，其中一个就是我。我焦虑地找教练分析原因：①地点不熟（新找的）；②残像情况严重（前两天刚记过马拉松数字）。

高强度训练带来的回报：12月上旬世界赛模拟赛，居然有8项正常甚至超常发挥，只是快速数字有3组黄金桩被我调去应付马拉松数字，两轮成绩最好的只有232个。但是很值得，最后总分4400多。

之后就是香港总决赛了。除了人名头像和听记数字，全都超常发挥，我在赛场上的状态比模拟赛还好，可惜马拉松扑克牌由于胆量不足，只交了15副。

最后，以全场排名52、总分4380新晋IMM。胜利！

☀ 心得体会

拿到大师证后我仍在坚持训练，在除夕夜联结了40副扑克牌，这股热情影响了20多个朋友，他们每天跟我在群里打卡，备战2019年世界记忆锦标赛。我整理了去年集训的日记，在整理过程中非常感慨，列出3条心得体会。

✎ 1．心态第一

摘得世界记忆大师头衔需要投入较长时间，天才型选手只需要一两个月，大部分人都需要半年甚至1年，我经过了漫长的9个半月。在这个磨人的过程中，其实技术并不是最重要的，最重要的是心态。能否始终保持训练热情、不自我怀疑、不自我设限？先把这些解决好再谈训练方法和策略。关于备战世界记忆锦标赛，经常有人问我各种问题，最常见的就是："我智力一般，我一年能考上吗？""我年纪大了，会不会有影响啊？"我可以肯定地告诉大家，凡是智力正常的普通人，经过这一两年的科学、系统训练，完全可以，你的大脑无所不能！

📋 2. 找个团队，泡在集体氛围里

2018 年 3 月我参加了营地训练的前两阶就回家了，整个 4 月训练量特别少，3 天才能记完一页数字。结果等我 5 月再回去时，发现同期同学的成绩已经甩了我几条街，这个差距直到我们打入世界记忆锦标赛都明显存在。所以，不要中途离开团队，不要以为方法自己都会了回家也能练。

📋 3. 让训练成为常态

"不怕慢，就怕站。"记得小学时，父亲带着我们姐弟 4 个人去割麦子，一人一大垄，再三告诫我们的就是这句话。尽管年幼割得慢，我也会很踏实，因为只要一点点割下去，那一大片麦浪终究会倒在我的镰刀下。竞技记忆同样如此，国家赛后有伙伴跑回家或者出去旅游放松，但我还是坚持去基地训练，经常晚上 10 点多才最后一个回去，呼吸着广州街头冬日的冷空气，觉得心里特别踏实，就这样我参加世界记忆锦标赛时的成绩居然反超了基地的好几个高手。

而今，我已经是一个参赛三四年的老选手，拿到了很多奖项，并且加入了裁判队伍。我热爱记忆竞技运动，我要一直活跃在这个领域！热爱可抵岁月漫长，愿你同样圆梦，"记"高一筹！

5.5　陈仁鹏：你比自己想象的更强大

> **世界记忆大师（IMM）**
> 中央电视台一套《挑战不可能》荣誉殿堂教练

我们就是通过训练记忆法

我与记忆法结缘于 2016 年，看到《最强大脑》后，我才知道原来记忆是可以训练的。当时觉得台上的选手都是天才，真的是想记什么就一定能轻松记住。慢慢了解才知道，原来《最强大脑》上有 39 名选手都有一个共同的身份——"世界记忆大师"。于是，我下定决心，也要成为他们中的一员。

我原本在北京的一家央企工作，自从接触到记忆法之后，我发现原来我的记忆还是有救的，我也发现自己非常喜欢记忆训练。那时，我就意识到这个将是我以后的兴趣和工作。通过半年的刻苦训练，我在新加坡的世界赛上顺利拿到"世界记忆大师"荣誉称号。在 2017 年我毅然辞掉了央企的稳定工作进入记忆行业，对此很多人不理解，但是我知道这是我必然不后悔的选择。从此，我的人生就换到了另外一条跑道上，我成为一名名副其实的记忆教练。

在我训练记忆法的过程中，我就发现我的爱人——张颖，她身上的很多特性都很适合记忆训练，如果学的话肯定比我有优势，所以当我获得"世界记忆大师"后，我就鼓励她也一起学。但是她看到我训练那么累，并没有训练记忆法的意愿，连着推了几个月。在

2017 年 3 月，她终于被我说服，开始了训练。我之所以能说服她，是因为我坚信学习记忆法会使她受益终身。我身份转变为教练之后做的第一个决定就是：发掘有潜力的学生并鼓励其步入记忆领域。

通过我自己的训练经验，加上对大量选手的观察，我总结了一套科学的训练方法，就差最后的实践了——张颖也就成了我第一个"实验对象"！我把自己的方法落实到位，张颖也非常信任我，就这样开始了她自己的记忆之旅。作为教练，我觉得训练之前需要跟学员进行深度沟通，了解学员的性格、心理以及学习习惯等，这样才能因材施教；同时，需要与学员建立足够的互信，一旦彼此信任，就沿着这条学习方法坚定地走下去，这样在训练过程中学员才会把教练所教的内容百分百实施到位，而不是将信将疑、挑肥拣瘦到处寻找自己所认为的"高手的方法"。

经过一段时间陪练后我发现，我对她的观察是对的：她做事认真、执行力强，这两点对成绩的提升帮助特别大。作为教练，我特别看重基本功的训练，所以前两个月一直在练习数字项目和扑克牌项目，在保证准确率的前提下，不断地提速。当这两个项目练得还不错的时候，才开始给她加入其他项目的训练。正是因为基本功扎实，她才可以在别的项目上取得很快的进步，同时也能打破 1 小时马拉松数字项目的世界纪录，而这个项目是 10 个比赛项目中最难的一个。

因此，我建议其他选手在训练的时候，一定不要过于心急，不要在开始打基础的时候就同时训练 10 个项目，这样虽然可以把总分提上去，但是会导致样样会却样样不精通的结果。正确的方法就是打好数字基础，后期加入其他项目的训练，这样成绩才会稳步提升。

除了张颖之外，在 2017 年我也帮助刘敏、禹丽贞和薛贤锋顺利地拿到了"世界记忆大师"证书。在 2017 年中央电视台一套播出的《挑战不可能》中，张颖和刘敏分别在各自的节目中完美地挑战成功，步入荣誉殿堂。2018 年，又有几名学员也都顺利拿到"世界记忆大师"证书，相信他们也会在以后取得更大的成功。教练的幸福感往往来源于学生取得的优异成绩。能够在两年的时间培养出 8 位"世界记忆大师"，我感到非常骄傲。不过，这只是一个起点。我十分热爱记忆运动，我希望可以吸引更多的人参与其中，让他们用记忆法解决学习、工作和生活中的各种问题，也让有志于成为"世界记忆大师"的人能稳稳地拿到梦寐以求的证书。

在此我送给各位选手一句话——"越努力，越强大"。当你训练碰到困难的时候，你可以回想这句话，它能给你继续坚持下去的动力；当你在世界赛上获得"世界记忆大师"称号的时候，你会感谢自己当初的坚持。曾经的一切问题都不是问题，前方是更加美好的明天，勇敢地拥抱它吧！

5.6　张颖：越努力，越幸运

国际特级记忆大师（IGM）

2017 年第 26 届世界记忆锦标赛中国·北京城市赛总冠军

2018 年亚太记忆公开赛总冠军

一年内 4 次打破世界纪录，吉尼斯世界纪录保持者

获得的是全场总冠军

　　我叫张颖，"张颖"原本是一个很普通的名字，我以为我的一生也会平淡地生活下去，直到我遇到了它……

　　2017年3月，我从零步入记忆行业，第一年参加世界记忆锦标赛，也是在这一年我打破了1小时随机扑克牌项目的世界纪录。由于稍有天赋，第二年我继续参赛，在亚太赛总决赛上接连打破30分钟马拉松数字项目和30分钟随机扑克牌项目的世界纪录。随后，又在第27届世界记忆锦标赛全球总决赛中打破1小时马拉松数字项目的世界纪录。取得这些成绩，是我天生强大吗？是我天赋异禀吗？不，都不是。

　　2017年，我在我先生陈仁鹏（他是2016年"世界记忆大师"）

的鼓励下步入记忆法这个领域，起初我是抗拒的，因为我觉得以我的资质不可能学好，更不可能拿到记忆大师证书，所以我敷衍地练了两天，觉得很难，就打算放弃。我先生一般不会强迫我做不喜欢的事情，可是在这件事上他很执着，想必他一开始就知道这会是一件让我受益终生的事情。因此在他的循循善诱和积极鼓励下，我还是坚持了下去，这是我第一次向自己不熟知的领域发起挑战。起初，我并没有给自己设定目标，只是按部就班地训练，完成该完成的训练任务，其余时间该休息就休息。经过了一段时间之后，我惊奇地发现我不知不觉已经达到 3000 分的标准，此时的我欣喜若狂，信心倍增，心里暗暗向 4000 分发起挑战。与之前一样，我还是按部就班地训练，不一样的是我内心多了一份坚定和自信，原来我也可以完成本以为不可能完成的事，而且可以做得这么好。又经过一段时间的努力之后，我的能力潜移默化地提高了，自信心也倍增，成绩从 4000 分稳步增长到 5000 分，最终超过 6000 分，拿到"国际特级记忆大师"证书，并打破了世界纪录！

起初那个胆怯的我肯定不会想到，现在的我如此自信，如此优秀。从此，我一发不可收拾，第二年继续参赛，向更高级别挑战。但是生活总不是那么一帆风顺，终于我也遇到了坎儿，比如数字或扑克牌怎么记都记不对，同时又出现了害怕记不住的心理，成绩甚至出现了倒退。但是此时的我没多想，也没放弃，努力坚持练了下去，因为我觉得方法不会有问题，这只是阶段性的停滞。果真坚持下去就是胜利，突破这个瓶颈之后，我又接连成功打破了三项世界纪录。

由于之前取得了还不错的成绩，我被推荐到中央电视台一套《挑战不可能》节目组，能够参加节目当然开心，但是也倍感压力。上节目所要展示的项目也需要从头开始练，而且这个项目的记忆节奏跟赛事的项目完全不同，导致我在很长一段时间内都无法找到感觉，还影响到了比赛的成绩。还好最后我找对了感觉，在舞台上的状态很好，节目录制得也非常顺利。

现在的我不单单在记忆竞技上硕果累累，整个人都发生了巨大的变化。

（1）我学会了向未知事物发起挑战，勇敢探索，而不是在自己的舒适区里止步不前。如果不是参加世界记忆锦标赛，我不会知道自己有如此强大的潜能。现在的我在面对新事物时，从不问自己行不行，我有足够的勇气去尝试、去挑战、去探索。

（2）我建立起了强大的自信心，自信心改变了我整个人的精神面貌。随着成绩的稳步提高，我的自信心也慢慢增强。如大家所知，自信心的建立需要过程，并不是一天造就，而这阶段性的比赛正是搭建我自信心"金字塔"最好的基石。

（3）我学会了面对挫折，建立起了强大的内心世界。训练提高成绩就像一个升级飞跃的过程，屡败屡战，遇到挫折不气馁，调整战略，迎难而上，原本我不堪一击的玻璃心也从此变得无坚不摧。

（4）我学会了珍惜当下，拥抱明天。记忆法训练是一个能让人注意力高度集中的学习方法，当你训练的时候，你想到的只是眼前的事物，你的目标很明确，只是想把这件事情做好。一个人，如果觉得焦虑，那肯定是因为他一直关注的是未知的事情。此时，不妨静下心来，只看眼前，只做眼前的事，你会觉得安心很多。至于明天，就让我们静静地等待吧。

我，叫张颖，有一个很普通的名字，但是参加世界记忆锦标赛之后，我的名字也像我的人生一样，在发生着潜移默化的变化。如果你想改变自己，就像我一样，勇敢地踏出第一步吧，让我们一起改变自己，改变世界！

5.7 李豪：一个差生的逆袭

"世界记忆大师"（IMM）

2016 年第 25 届世界记忆锦标赛中国·成都城市赛总亚军

2017 年第 26 届世界记忆锦标赛中国·成都城市赛总冠军

被央广网、《成都商报》、遂宁传媒网、《遂宁日报》等多

家媒体报道

　　我并不是那种"天赋异禀"的人，相反，学习任何东西都要比别人多花2～3倍的时间。

　　2015年我即将面临高考，我的美术艺考成绩过了本科分数线，但文化课考试，一直不甚理想，距离高考还剩下仅仅半年时间，一定要改变。

　　通过网络搜索"提升记忆力""快速背课文"等关键词，《最强大脑》4个字赫然出现在我眼前。

　　我被记指纹、二维码、条形码、斑点狗、鸡蛋、钥匙等项目震撼，幻想着，把这种能力运用在学习上。

　　带着这样的疑问，第一次为知识买单，花了近一个月的生活费，买了一套课程。学习的第一天就感受到方法的魅力，3小时记住100位圆周率。

　　于是，我又开始数字、词语、扑克牌等项目的记忆训练，并绘制相关思维导图。

　　可在身边的同学看来，这种训练毫无意义！甚至有同学直言不讳地说，他在练"歪门邪道"。

我却坚定不移定下目标，不练出点名堂，决不收手。

2015 年 6 月 22 日晚，收到高考成绩——321 分。爸妈叹息道："距离去年的艺术分数线还差 49 分，复读吧！"

我想："我的人生为何会如此失败？命运一直在被人操控，我不要复读。"

意料之外，情理之中，我被一所民办大专院校录取。

进入大学，除了上课时间少点，与高中生活没有任何区别。

2015 年 10 月，QQ 动态被"世界记忆锦标赛"刷屏。深入探究才知道《最强大脑》节目中有 80% 的选手都曾参加过这个赛事，12 月 15 日至 18 日，我请假 3 天，观摩第 24 届世界记忆锦标赛世界赛。

我知道，我的人生从那一刻就发生了改变，我立誓拿到世界记忆大师称号！

罗振宇在 2018 年跨年演讲上说："种一棵树最好的时间是 10 年前，其次就是现在。"

自此，图书馆的自习室，每晚总有一个孤独的身影，在大厅的角落摆弄着一堆东西。

又一次面对身边的质疑，我还是坚持下来。

时间流逝，一直到了 2016 年 5 月，我的 5 分钟数字记忆成绩停滞在 200 个，请教了很多圈内记忆大咖，但他们的方法对我的作用似乎不大。

想要突破，就得改变，恰巧一位往期最强大脑选手，暑期准备在青岛开设记忆培训课程。

暑假与父母商量此事，他们二话不说就支持我去参加。

在训练营里，只要有闲余时间，我都会询问老师"如何更快地提升记忆成绩",21 天之后，我拿到全场总季军。

老师说:"这不是'终点'，甚至不是'起点'，但可能是'起点'的'终点'。想要获得记忆大师称号，还要付出 10 倍努力。"

"3 个月时间，每天训练 8 小时，你就可以成为世界记忆大师。"这句话听上去很美，但你信就傻了。

我曾经就是笃信这句话的傻瓜。

真相是，对在记忆训练成绩排名靠前的伙伴来说，训练就是生活，生活就是训练，两者之间没有界限。

8 月初，我前往武汉训练基地，生活费所剩无几，我不得不在武汉大学附近租了一个不到 5 平方米的小隔间，一台老式台扇陪在有着"四大火炉"之称的城市陪伴着我。

那段时间，我每天 6 点半起床，在家练习 1 个小时，再匆匆赶到基地练习;中午吃着热干面与伙伴聊的都是有关记忆的话题;晚上 10 点才回家。

为了更快地提升记忆成绩，我冒着 40℃的高温外出打造"记忆宫殿"，引来保安的驱逐、警察的问话。

那一年，武汉各大高校被我"找了个底朝天"，武汉很热，但没有我的梦想炽热。

2016 年 10 月 18 日，我拿到了第 25 届世界记忆锦标赛成都城市赛总亚军。

这一次，身边的人不再质疑我，他们对我参加 12 月新加坡世界赛，拿到"世界记忆大师"称号充满希望。

其实，对此我也深信不疑。

真相却是参加成都城市赛后，距离中国赛仅有 1 个月的时间，那段时间我辗转于武汉、成都、遂宁3座城市，办理护照，休学请假，无心训练。

因此，11月止步于中国赛，12月一同练习的伙伴拿到了"世界记忆大师"称号，2017年年初又有几位一同训练的伙伴参加《最强大脑》节目录制，这无一不给我带来沉重的压力。

2017年暑假，我再次乘上成都开往武汉的绿皮火车。脑子里面不时冒出一句话："你不努力，未来这样的生活是你的常态；你努力，未来这样的生活是你的回忆。"

抵达武汉训练基地，看到很多新鲜面孔，年初本是零基础的选手，此刻的成绩却甩我几条街。

那半个月，我极其自卑，不敢直面事实，开始了自我欺骗，"他们底子比我好，是学霸。"恰巧临近毕业，学校多次来电，通知回校，办理毕业手续。

彷徨、焦虑、无任何心思练习，坐在武大梅园操场，看着周围的人与物，不禁回想起近年来自身的变化。

是啊，这片天地更适合你向下扎根，向上生长。

我决定先实现梦想，再回校办理毕业手续。2017年10月，我参加10大项目以5金1银2铜的成绩拿到第26届世界记忆锦标赛成都城市赛全场总冠军；11月参加大连中国赛，险进世界赛。

12月5日入选中国队与来自30多个国家和地区的300名选手展开了3天激烈的比拼，不负所望，中国第3次获得团体总冠军，我也获得了全球仅有500位左右的"世界记忆大师"称号！

最后一个快速扑克牌项目比赛结束后，我冲出赛场，立即拨通了父亲的电话："爸，我成功了！"

附录

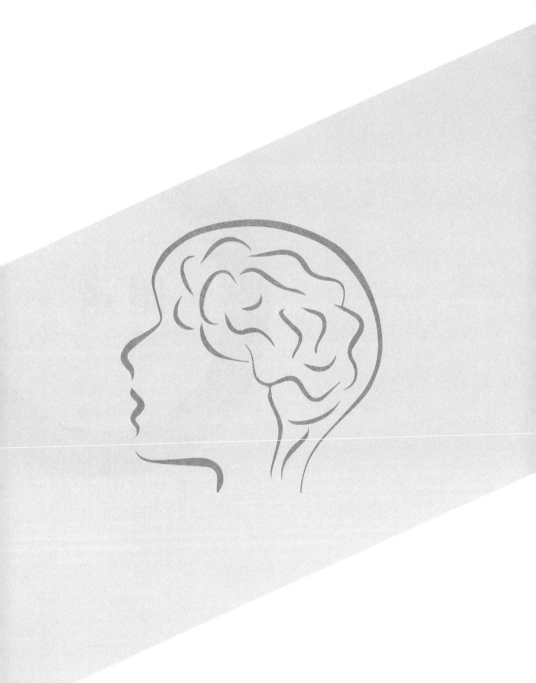

附录 A

流金岁月：世界记忆锦标赛发展历程

1991 　第 1 届世界记忆锦标赛在英国伦敦雅典娜神庙俱乐部举行，多米尼克·奥布莱恩获得总冠军。

1993 　第 2 届世界记忆锦标赛在英国伦敦举行，多米尼克·奥布莱恩获得卫冕总冠军。

1994 　第 3 届世界记忆锦标赛在英国伦敦举行，乔纳森·汉考克获得总冠军；多米尼克·奥布莱恩获得总亚军。

1995 　第 4 届世界记忆锦标赛在英国伦敦举行，多米尼克·奥布莱恩获得总冠军。
　　本届正式设立"世界记忆大师"称号，由列支敦士登王子赞助的"国际特级记忆大师"开始颁奖。

1996 　第 5 届世界记忆锦标赛在英国伦敦举行，多米尼克·奥布莱恩获得总冠军。

1997 第 6 届世界记忆锦标赛在英国伦敦举行，多米尼克·奥布莱恩获得总冠军。
首届全球脑力奥林匹克运动会在伦敦皇家节日音乐厅举行。

1998 第 7 届世界记忆锦标赛在英国伦敦举行，安迪·贝尔获得总冠军。
当年还在伦敦举办了第 2 届全球脑力奥林匹克运动会。

1999 第 8 届世界记忆锦标赛在英国伦敦成功举行，多米尼克·奥布莱恩获得总冠军。
第 3 届全球脑力奥林匹克运动会在奥林匹亚举行。

2000 第 9 届世界记忆锦标赛在英国伦敦举行，多米尼克·奥布莱恩获得总冠军。

2001 第 10 届世界记忆锦标赛在英国伦敦举行，多米尼克·奥布莱恩获得总冠军。

2002 第 11 届世界记忆锦标赛在英国伦敦举行，安迪·贝尔获得总冠军，多米尼克·奥布莱恩获得总亚军。

2003 第 12 届世界记忆锦标赛移师马来西亚，安迪·贝尔获得总冠军；中国选手张杰、王茂华首次参加世界高水平的记忆赛事，从此开启了中国选手征战世界记忆锦标赛的先河。

2004 第 13 届世界记忆锦标赛在英国伦敦举行，来自英国的选手本·普利德摩尔获得总冠军。

2005 德国选手梅尔获得第 14 届世界记忆锦标赛总冠军；世界记忆锦标赛首次登陆中国。

2006 第 15 届世界记忆锦标赛，来自德国的选手梅尔获得本届总冠军。

2007 · 中东巴林举办的第 16 届世界记忆锦标赛，中国第一次组队参加比赛，中国队选手吴天胜，成为当时全球唯一获得"世界记忆大师"称号的在校学生。来自德国的贡特·卡滕膝斩获第 16 届世界记忆锦标赛总冠军。

2008 · 中国人民大学的郑才千和武汉大学的袁文魁，在中东巴林举办的第 17 届世界记忆锦标赛上，获得"世界记忆大师"称号，19 岁的郑才千成为当时全球最年轻的"世界记忆大师"。
来自英国的选手本·普利德摩尔获得总冠军。

2009 · 英国伦敦举办的第 18 届世界记忆锦标赛，中国队 5 名选手王峰、朱少敏、史俊恒、张诗雨、苏锐乔成为新晋"世界记忆大师"；来自英国的选手本·普利德摩尔获得总冠军。

2010 · 中国获得第 19 届世界记忆锦标赛举办权，并于 2010 年 12 月 5 日在广州举行了全球总决赛。
29 位"世界记忆大师"在本次大赛中诞生。在为期 3 天的比赛中，来自中国、德国等 22 个国家的 148 位记忆高手激烈角逐，打破了多项记忆竞技的世界纪录。
中国选手王峰以 9486 分的总成绩打破世界记忆锦标赛最高成绩纪录，荣获总冠军。

2011 · 本届中国队夺得团体冠军，菲律宾和蒙古队位列第 2、第 3 名。
上届比赛总冠军、中国选手王峰在本届锦标赛中卫冕成功，并刷新了其个人总成绩夺得总冠军。中国选手刘苏和李威分别获得总亚军、总季军。
此外，蒋卓锵、余彬晶等 26 名中外选手在本届锦标赛中获得"世界记忆大师"称号。
本届比赛增设了老年组（60 岁及以上的选手），来自广州的一位 74 岁的老奶奶邝丽群，最终夺得第 20 届世界记忆锦标赛老年组第一名，也成为赛事史上最年长的一位参赛选手。

来自海南的 13 岁"神奇小子"刘鸿志成为新一届最年轻的"世界记忆大师"。

2012 · 来自德国的选手马劳获得第 21 届世界记忆锦标赛总冠军。

2013 · 11 位中国选手，参赛捷报频传。董迅，世界记忆锦标赛 3 金 2 银 1 铜，打破人名头像项目的世界纪录，摘得少儿组第一名；宋佩恒，世界记忆锦标赛 1 金 2 铜；倪梓强，世界记忆锦标赛 3 金；李滑曦睿，世界记忆锦标赛 1 金 1 铜；胡希胜、曹全全、吴帝德分别获得"世界记忆大师"称号。

来自瑞典的选手乔纳斯获得第 22 届世界记忆锦标赛总冠军。

2014 · 中国海南举办的第 23 届世界记忆锦标赛，全球共诞生 40 位初级记忆大师，中国的初级记忆大师有：李俊成、苏清波、陈浩、杨世阔、陈智强、何磊、陈永松等。郑爱强达到总分 5000 分标准成为唯一新晋"世界记忆大师"，排名中国第 1、世界第 7；李林沛以 2 金 3 银 1 铜的成绩夺得儿童组第 1 名；陈智强，荣获少年组第 1 名以及"世界记忆大师"称号。

来自瑞典的选手乔纳斯获得第 23 届世界记忆锦标赛总冠军。

2015 · 中国成都举办的第 24 届世界记忆锦标赛，来自美国的选手艾利克斯获得总冠军。

2016 · 新加坡举办的第 25 届世界记忆锦标赛，11 岁闫家硕获得儿童组第一名，其中马拉松数字（1508 个）、马拉松扑克牌（20副）、快速扑克牌（23 秒）三大项目获得金牌，并同时打破世界纪录。

杨雁以 21 秒的成绩获得快速扑克牌项目金牌，成为当时全世界记扑克牌最快的人。

石燕妮，以 29 副 31 张的成绩获得全场马拉松扑克牌铜牌，这是中国队马拉松扑克牌项目的最好成绩。

邹璐建，马拉松数字和听记数字两项均获得全场铜牌，获得"国际特级记忆大师"称号。

来自美国的选手艾利克斯获得第 25 届世界记忆锦标赛总冠军。

2017　世界记忆锦标赛三大记忆赛事成功进入中国，为城市赛参赛人数之最，快速扑克牌纪录几个月内不断被刷新，迎来 26 年来首位女性全球总冠军。

1 月 10 日北京举办"脑力奥运普及元年"高峰论坛，雷蒙德·基恩爵士宣布第 26 届世界记忆锦标赛全球总决赛在中国举办。

12 月 8 日全球总决赛在深圳落幕，团体冠军、亚军、季军分别是中国队、蒙古队和马来西亚队。

个人总冠、亚、季军分别是蒙古的 Munkhshur Narmandakh、中国的石彬彬和苏泽河。

18 岁的蒙古女性成为全球首位获得世界记忆锦标赛总冠军的女性，她与总亚军只有 5 分之差。

6 个项目的世界纪录被打破。

2018　2018 年 12 月 19 日 14 点，第 27 届世界记忆锦标赛全球总决赛在中国香港开幕，吸引了来自美国、英国、法国、阿尔及利亚、突尼斯、日本、韩国、蒙古、马来西亚、新加坡、越南、俄罗斯、朝鲜、突尼斯、中国等国家及中国香港、中国台湾、中国澳门等地区的年度最强记忆竞技选手，267 名世界记忆高手齐聚中国香港，共战脑力之巅。

韦沁汝获得第 27 届世界记忆锦标赛总冠军。

12 月 22 日，东尼·博赞先生宣布第 28 届世界记忆锦标赛全球总决赛将于 2019 年 12 月 6 日至 8 日在中国武汉东湖高新区举行。

2019　2019 年 12 月 6 日第 28 届世界记忆锦标赛在中国武汉如期举行，朝鲜第二次参赛，成绩斐然。

朝鲜队 13 位选手参赛，RYU SONG I 以 9533 分问鼎总冠军，这是她首次参加比赛。

上届总冠军韦沁汝以 9091 分获得总亚军，世界排名第三是来自朝鲜队的 JON YU JONG，以 8913 分获得。

2020 　由于新冠疫情原因，第 29 届世界记忆锦标赛全球总决赛采取分赛场的形式进行，中国选手在海南三亚与其他 15 个国家和地区的选手一起参与世界排名。

本届全球总决赛参赛国家和地区共计 16 个，参赛选手达 300 多人，其中中国选手达 200 余人。16 个国家和地区的高手齐聚全球记忆竞技的至高荣耀殿堂，共同创造历史，探索人类记忆技术的极限！

附录 B

世界记忆锦标赛十大项目世界纪录及选手成绩

十大项目世界纪录

人名头像	5 分钟记录 97 个；15 分钟 187 个。
抽象图形	15 分钟 804 个。
虚拟事件和日期	5 分钟 132 个。
随机词语	5 分钟 130 个；15 分钟 302 个。
二进制数字	5 分钟 1080 个；30 分钟 5597 个。
马拉松扑克牌	10 分钟 380 张；30 分钟 1044 张； 1 小时 1924 张。
快速扑克牌	13.96 秒。
快速数字	5 分钟 608 个。
马拉松数字	15 分钟 1071 个；30 分钟 1844 个； 1 小时 3260 个。
听记数字	456 个。

破世界纪录选手成绩明细

二进制数字

朝鲜队	RYU SONG I：7485 分
	KIM SU RIM：6805 分
	JON KUM PHYONG：6585 分
	JON YU JONG：6495 分
	KIM JU SONG：6155 分
中国队	韦沁汝：5820 分
蒙古队	Munkhshur NARMANDAKH：5979 分
	Tenuun Tamir：5685 分
	Solongo Uuganjargal：5625 分

马拉松数字

朝鲜队	RYU SONG I：4620 分
	KIM JU SONG：3816 分
	RI SONG MI：3549 分
	JON YU JONG：3400 分
中国队	韦沁汝：3667 分

虚拟事件和日期

印度队	Prateek Yadav：154 分

随机词语

印度队	Prateek Yadav：335 分
朝鲜队	RI SONG MI：328 分

听记数字

朝鲜队 | RYU SONG I：547 分

马拉松扑克牌

朝鲜队 | KIM SU RIM：2530 分
JON YU JONG：2344 分
KIM JU SONG：2288 分
RYU SONG I：2264 分
RI SONG MI：1996 分

蒙古队 | Munkhshur NARMANDAKH：2141 分
中国队 | 韦沁汝：2061 分

　　按照当前 WMSC 世界总排名，中国选手韦沁汝获得 9240 分，高居世界第 2 名。

附录 C

世界记忆大师的评定

"世界记忆大师"在世界记忆锦标赛上是一个举足轻重的头衔，它代表了世界记忆运动理事会对获得者记忆水平的至高评价，也代表了获得者在记忆力竞技方面的突出表现。

中国选手必须经过世界记忆锦标赛中国城市赛、中国总决赛的层层选拔，最终进入全球总决赛，并取得以下成绩，方可获得相应称号。

国际记忆大师 International Master of Memory（IMM）

1. 达标当年须参加世界记忆锦标赛全球总决赛的所有 10 个项目比赛；

2. 当年参加世界记忆锦标赛全球总决赛获得总分达到 3000 分以上；

3. 1 小时内记住最少 14 副（728 张）扑克牌；

4. 1 小时内记住 1400 个随机数字；

5. 40 秒内记住 1 副扑克牌；

3、4、5 这 3 项成绩都要达标，但这 3 项成绩不一定要在同一年达到。在旧 IMM 标准下达到的这 3 项成绩不再计入新 IMM 的考核；

6. 上述这 3 项成绩可在 WMSC® 记忆锦标赛 ® 系列赛事中获得。但由于长达 1 小时的项目只出现在世界记忆锦标赛的全球总决赛，所以第 3 项和第 4 项这两项成绩必须在全球总决赛中完成。

特级记忆大师 Grandmaster of Memory（GMM）

在世界赛总分达到 5500～6499 分，得分最高的前 5 名选手。已经获得过 GMM 头衔的选手将不会重复颁发。

国际特级记忆大师 International Grandmaster of Memory（IGM）

在世界赛中总分最少获得 6500 分的选手，每年不限名额数量。

附录 D

WMSC® 记忆锦标赛® 系列赛事

亚太记忆公开赛

亚太记忆公开赛是由亚太记忆运动理事会组织的亚太地区高水平的记忆竞技赛事。

赛事共设有十个项目，包括记忆人名头像、随机词语、虚拟事件和日期、抽象图形、马拉松数字、马拉松扑克牌、二进制数字、听记数字、快速数字和快速扑克牌项目，综合考查选手们的记忆力、注意力、观察力、想象力和创造力。

亚太记忆公开赛向优秀选手颁发"亚太记忆大师"（APMM）荣誉称号，本赛事是唯一能够颁发此证书的国际性官方赛事。

新冠疫情过渡期间，亚太记忆运动理事会授权改在杭州举办过两届"亚洲记忆运动会"。

亚太学生记忆锦标赛®

亚太学生记忆锦标赛是由亚太记忆运动理事会授权的亚太地区在校学生参加的高水平的记忆竞技赛事。该赛事秉承"脑力奥运，益智强国"的宗旨，以十个标准项目为竞技内容，将记忆方法与校园各科知识点相结合，全面而精练地展示学生综合脑力素质，使学生的大脑潜能得到充分开发、智力水平得到全面提高。

亚太学生记忆锦标赛的选手由各学校的在校优秀学生代表组成。本赛事除了部分传统的数字记忆、扑克牌记忆、虚拟事件和日期记忆、词语记忆外，还增加了更贴近中华优秀传统文化和校园内容的记忆项目，如象形文字、单词淘金和古诗词记忆等。通过比赛让师生都能参与进来，共同提高记忆竞技运动在学校的影响力。本赛事面向学生群体，可认证"脑力大师"头衔。

2020 年至今，该赛事已成功举办了两届。

东盟记忆公开赛

东盟记忆公开赛是由世界记忆运动理事会和亚太记忆运动理事会主管的中国与东盟地区高级别的记忆竞技赛事。东盟记忆公开赛采用国际赛制，比赛项目包括了人名头像、快速数字、随机扑克牌等十大比赛项目，涵盖儿童组、少年组、成年组、老年组共四个参赛组别，选手在东盟记忆公开赛所创纪录，将得到世界记忆运动理事会的官方认可。

东盟记忆公开赛响应了"一带一路"倡议，为推动中国与东盟一体化建设，发展对外友好关系，促进中国与东盟宽领域、深层次、高水平、

全方位的合作，为各国间的体育、文化、旅游、经济、教育交流增添一条新的纽带。举办东盟记忆公开赛，有利于将记忆竞技运动普及并推广到东盟地区，促进中国与东盟国家的文化交流和社会交流。

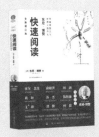